T0128486

Mathematik Kompakt

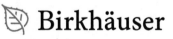

Mathematik Kompakt

Herausgegeben von:

Martin Brokate, Garching, Deutschland

Aiso Heinze, Kiel, Deutschland

Karl-Heinz Hoffmann, Garching, Deutschland

Mihyun Kang, Graz, Österreich

Götz Kersting, Frankfurt, Deutschland

Moritz Kerz, Regensburg, Deutschland

Otmar Scherzer, Wien, Österreich

Die Lehrbuchreihe *Mathematik Kompakt* ist eine Reaktion auf die Umstellung der Diplomstudiengänge in Mathematik zu Bachelor- und Masterabschlüssen. Inhaltlich werden unter Berücksichtigung der neuen Studienstrukturen die aktuellen Entwicklungen des Faches aufgegriffen und kompakt dargestellt. Die modular aufgebaute Reihe richtet sich an Dozenten und ihre Studierenden in Bachelor- und Masterstudiengängen und alle, die einen kompakten Einstieg in aktuelle Themenfelder der Mathematik suchen. Zahlreiche Beispiele und Übungsaufgaben stehen zur Verfügung, um die Anwendung der Inhalte zu veranschaulichen.

- **Kompakt:** relevantes Wissen auf 150 Seiten
- **Lernen leicht gemacht:** Beispiele und Übungsaufgaben veranschaulichen die Anwendung der Inhalte
- **Praktisch für Dozenten:** jeder Band dient als Vorlage für eine 2-stündige Lehrveranstaltung

Weitere Bände in der Reihe http://www.springer.com/series/7786

Christian Clason

Einführung in die Funktionalanalysis

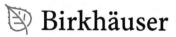 Birkhäuser

Christian Clason
Fakultät für Mathematik
Universität Duisburg-Essen
Essen, Deutschland

ISSN 2504-3846   ISSN 2504-3854   (electronic)
Mathematik Kompakt
ISBN 978-3-030-24875-8   ISBN 978-3-030-24876-5   (eBook)
https://doi.org/10.1007/978-3-030-24876-5

Die Deutsche Nationalbibliothek verzeichnet diese Publikation in der Deutschen Nationalbibliografie; detaillierte bibliografische Daten sind im Internet über http://dnb.d-nb.de abrufbar.

Mathematics Subject Clasification: 46-01

Birkhäuser ist ein Imprint der eingetragenen Gesellschaft Springer Nature Switzerland AG und ist ein Teil von Springer Nature.
Die Anschrift der Gesellschaft ist: Gewerbestrasse 11, 6330 Cham, Switzerland

Vorwort

> Funktionalanalysis ist die Fortführung der linearen Algebra mit anderen Mitteln.

Die Funktionalanalysis wurde Anfang des 20. Jahrhunderts entwickelt, um allgemeine Aussagen über die Lösbarkeit von Differentialgleichungen treffen zu können. Statt konkrete Differentialgleichungen wie $f'' + f = g$ für gegebenes g händisch zu lösen, war man an der Frage interessiert, welche Eigenschaften die Differentialgleichung bzw. die rechte Seite g haben muss, damit eine Lösung existiert. Der wesentliche Schritt war dabei, Funktionen als Punkte in einem Vektorraum aufzufassen, auf dem die Abbildung $D : f \mapsto f'' + f$ einen linearen *Differentialoperator* definiert. Zum Vergleich: Ein ähnlicher Übergang von konkreten linearen Gleichungssystemen zu der abstrakten linearen Gleichung $Ax = b$ für eine Matrix A und einen Vektor b bildet den Grundstein der linearen Algebra. Man war nun auf der Suche nach Eigenschaften von D, die analog zur Injektivität und Surjektivität von A oder der Tatsache, dass 0 kein Eigenwert von A ist, die Lösbarkeit von $Df = g$ garantieren. Die wesentliche Schwierigkeit dabei ist, dass viele Kernaussagen der linearen Algebra darauf beruhen, dass die betrachteten Vektorräume endlichdimensional sind (etwa indem der Dimensionssatz verwendet wird). Dies ist aber für Räume von Funktionen in der Regel nicht mehr der Fall, und es wird notwendig, zusammen mit den algebraischen Begriffen auch topologische Begriffe wie Grenzwerte und Kompaktheit zu berücksichtigen. Ein Leitfaden dieses Buches ist es herauszuarbeiten, welche algebraischen, metrischen, topologischen und geometrischen Eigenschaften als Ersatz für die fehlende Endlichdimensionalität dienen können, und wie diese in die einzelnen Resultate eingehen. Dass diese Kombination zu äußerst reichhaltigen Strukturen führt, macht den Reiz der Funktionalanalysis aus und führte dazu, dass sie eine wesentliche Grundlage der modernen angewandten Mathematik bildet, von der Theorie und Numerik von Differentialgleichungen über Optimierung und Wahrscheinlichkeitstheorie bis zu medizinischer Bildgebung und mathematischer Bildverarbeitung.

Der Inhalt dieses Buches entspricht exakt dem einer vierstündigen Vorlesung (von der nicht zu viele Termine auf einen Feiertag fallen sollten) im vierten Semester eines mathematischen Bachelorstudiengangs; es kann und soll daher kein Ersatz für ein

umfassenderes Lehrbuch wie [1, 8, 14, 22] sein. Zielsetzung ist vielmehr, die wesent-
lichsten *strukturellen* Resultate zu entwickeln, die insbesondere für die angewandte
Mathematik wichtig sind. (In diesem Sinne steht dieses Buch in der Tradition von [13],
welches – direkt oder indirekt – in den nahezu 50 Jahren seit seinem Erscheinen für viele
Funktionalanalysis-Vorlesungen prägend war; im Vergleich zum Vorbild wird hier aber
der Dualitätstheorie mehr Platz eingeräumt, die schwache Folgenkonvergenz direkt statt
über schwache Topologien eingeführt, und die Spektraltheorie einfacher mit analytischen
statt mit algebraischen Methoden entwickelt.) Alle weiteren Resultate (z. B. über Quotientenräume oder Fredholmoperatoren) werden nur behandelt, soweit es dafür notwendig
ist oder die Beweise dadurch signifikant vereinfacht werden können. Nach Ablegen des
engen Korsetts der Vorlesung hätte man viele weitere schöne Resultate aufnehmen können; dieser Versuchung wurde widerstanden. Die eine oder der andere wird daher sicher-
lich ein Lieblingsresultat vermissen; eine besonders offensichtliche Lücke sind Details
zu Lebesgue- und Sobolevräumen, die den Vorlesungen zu Maß- und Integrationstheorie
(etwa nach [5, Kap. XII, XIII]) beziehungsweise partiellen Differentialgleichungen über-
lassen bleiben. (Eine schöne Darstellung findet man auch in [8].)

Auch der Aufbau ist dem Wunsch geschuldet, eine möglichst klare und direkte Linie
zu den Hauptresultaten zu ziehen. Dazu sollten weitestmöglich sowohl verwandte The-
men zusammen behandelt als auch ebenfalls zu beweisende allgemeinere Resultate
ausgenutzt werden. Dies gibt zahlreiche Abhängigkeiten vor, entspricht aber wohl dem
Geist der Funktionalanalysis als (aus der Anwendung motivierte) abstrakte Strukturtheorie. Eine gewisse Freiheit bleibt freilich auch unter diesen Nebenbedingungen, die andere
vielleicht anders genutzt hätten, insbesondere um einzelne Resultate über Hilберträume
früher zu behandeln. Konkret kann Kap. 15 bereits im Anschluss an Kap. 3 behandelt
werden, mit Ausnahme des Satzes 15.11 von Lax-Milgram (der Folgerung 9.8 benötigt)
und des Satzes von Fischer- Riesz (Folgerung 15.16, welche den Begriff der Isomorphie
aus Kap. 4 benötigt). Kap. 16 benötigt den Satz 8.1 von Hahn-Banach; der Begriff des
Hilbertraum- adjungierten Operators ist hier über den des (Banachraum-)adjungierten
Operators in Kap. 9 definiert, kann aber unabhängig eingeführt werden. Kap. 17 schließlich knüpft nahtlos an Kap. 14 an.

Die gewählte Anordnung entspricht auch der Tradition in der Mathematik, eine Theorie ohne jeden Bezug zu ihrer historischen Entwicklung darzustellen. Dadurch kann
man oft die zentralen Strukturen klarer herausarbeiten und sich auf Konzepte konzent-
rieren, die sich als besonders fruchtbar erwiesen haben. Andererseits verliert man dabei
den Blick auf die Tatsache, dass diese Strukturen und Konzepte von Menschen entwickelt
wurden, die jetzt nur noch als Namensgeber für Theoreme auftauchen. Insbesondere werden diejenigen vernachlässigt, die in der Anfangsphase wegweisende aber nun in späteren
Verallgemeinerungen versteckte Resultate erzielten. Dies gilt in besonderem Maße für die
Funktionalanalysis, die innerhalb weniger Jahrzehnte (ca. 1900–1940) durch eine ver-
gleichsweise kleine Zahl an Personen auf den im Wesentlichen hier präsentierten Stand
gebracht wurde. Anstatt dieses Buch mit (noch mehr) Fußnoten zu überfrachten, sei an
dieser Stelle auf entsprechende Literatur hingewiesen. Eine umfangreiche Darstellung der

Geschichte der Funktionalanalysis findet sich in [7], von der wiederum eine kurze Zusammenfassung als Anhang in [3] enthalten (und leichter erhältlich) ist. Zugänglicher – und belletristischer – ist die Entwicklung der in diesem Buch zu findenden Resultate in [12, Teil XIX] beschrieben. Eine noch ausführlichere Darstellung bis in die Moderne bietet [16]; dort findet man auch eine detaillierte Chronologie, sowie zahlreiche Zitate aus und Referenzen zu den oftmals immer noch lesenswerten Originalarbeiten. Historische und biographische Bemerkungen findet man auch in den (ebenfalls lesenswerten) Anhängen zu den einzelnen Kapiteln von [22].

Dieses Buch basiert vor allem auf den Werken [1, 4, 14, 20, 22], die Leserinnen und Lesern auch als Ergänzung und Vertiefung dienen können. Dank gilt Martin Brokate und Gerd Wachsmuth für ihr Skript und für hilfreiche Anmerkungen, Otmar Scherzer ebenfalls für hilfreiche Anmerkungen, sowie Remo Kretschmann für Unterstützung bei den Aufgaben.

Essen   Christian Clason
März 2019

Inhaltsverzeichnis

Teil I
Topologische Grundlagen

Metrische Räume

1

Wir fassen zunächst die grundlegenden topologischen Strukturen zusammen, die in der Funktionalanalysis wichtig sind. Die Kernbegriffe sollten aus der Analysis bekannt sein; eine ausführlichere Darstellung sowie Beweise findet man in den Standard-Lehrbüchern wie [11, Kapitel I.1] oder [18, Kap. 2].

Definition 1.1

Sei X eine Menge. Eine *Metrik* auf X ist eine Abbildung $d : X \times X \to \mathbb{R}$, die für alle $x, y, z \in X$ die folgenden Eigenschaften erfüllt:

  (i) $d(x, y) = 0$ genau dann, wenn $x = y$ *(Nichtdegeneriertheit);*
 (ii) $d(x, y) = d(y, x)$ *(Symmetrie);*
(iii) $d(x, z) \leq d(x, y) + d(y, z)$ *(Dreiecksungleichung).*

In diesem Fall heißt das Paar (X, d) *metrischer Raum.* Ist aus dem Kontext offensichtlich, welche Metrik verwendet wird, bezeichnen wir den metrischen Raum auch kurz mit X.

Eine Metrik ist die mathematische Formalisierung des intuitiven Begriffs des Abstands. (Beachten Sie, dass wir noch keine algebraische Struktur – und damit die Möglichkeit, die Differenz von Elementen zu betrachten – gefordert haben!) Aus den Eigenschaften folgt direkt, dass eine Metrik stets nicht-negativ ist: Für alle $x, y \in X$ gilt

$$2d(x, y) = d(x, y) + d(x, y) = d(x, y) + d(y, x) \geq d(x, x) = 0.$$

© Springer Nature Switzerland AG 2019
C. Clason, *Einführung in die Funktionalanalysis,* Mathematik Kompakt,
https://doi.org/10.1007/978-3-030-24876-5_1

Beispiel 1.2

Kanonische Beispiele für Metriken sind

(i) die *euklidische Metrik:* $X = \mathbb{R}^n$ oder $X = \mathbb{C}^n$ und

$$d(x, y) := \left(\sum_{i=1}^{n} |x_i - y_i|^2 \right)^{\frac{1}{2}};$$

(ii) die *Relativmetrik:* ist (X, d) ein metrischer Raum und $A \subset X$, dann ist auch $(A, d|_{A \times A})$ ein metrischer Raum, wobei $d|_{A \times A}$ die Einschränkung von d auf $A \times A$ bezeichnet;

(iii) die *Produktmetrik:* sind (X, d_X) und (Y, d_Y) metrische Räume, dann ist auch $(X \times Y, d_{X \times Y})$ ein metrischer Raum für

$$d_{X \times Y}((x_1, y_1), (x_2, y_2)) := d_X(x_1, x_2) + d_Y(y_1, y_2),$$

und ebenso für

$$d_{X \times Y}((x_1, y_1), (x_2, y_2)) := \max\{d_X(x_1, x_2), d_Y(y_1, y_2)\};$$

(iv) die *diskrete Metrik:* X ist eine beliebige Menge und

$$d(x, y) := \begin{cases} 0 & \text{falls } x = y, \\ 1 & \text{falls } x \neq y. \end{cases}$$

Im folgenden sei (X, d) stets ein metrischer Raum. Wir definieren nun für $x \in X$ und $r > 0$

(i) die *abgeschlossene Kugel* $B_r(x) := \{y \in X : d(x, y) \leq r\}$,
(ii) die *offene Kugel* $U_r(x) := \{y \in X : d(x, y) < r\}$

um x mit Radius r. Mit ihrer Hilfe definieren wir nun die folgenden topologischen Grundbegriffe.

Definition 1.3

Eine Menge $U \subset X$ heißt

(i) *offen,* falls für alle $x \in U$ ein $\varepsilon > 0$ mit $U_\varepsilon(x) \subset U$ existiert;
(ii) *Umgebung* von $x \in U$, falls eine offene Menge O mit $x \in O \subset U$ existiert;
(iii) *Umgebung* von $A \subset U$, falls U Umgebung aller $x \in A$ ist.

Eine Menge $C \subset X$ heißt *abgeschlossen,* falls das Komplement $X \setminus C$ offen ist.

Aus der Definition folgt, dass offene und abgeschlossene Kugeln tatsächlich offen respektive abgeschlossen sind. Weiterhin sind der Schnitt endlich vieler offener Mengen sowie die Vereinigung beliebiger (auch unendlich vieler) Mengen offen. Wir nennen zwei metrische

Räume (X, d_1) und (X, d_2) *äquivalent,* wenn sie die selben offenen Mengen besitzen (etwa die beiden Definitionen in Beispiel 1.2 (iii)). Die Menge aller offenen Teilmengen bezeichnet man als *Topologie* auf X.

Offensichtlich sind sowohl X als auch die leere Menge $\emptyset$ sowohl offen als auch abgeschlossen; andere Mengen können weder offen noch abgeschlossen sein. In diesem Fall können wir aus ihnen offene und abgeschlossene Mengen erzeugen.

Definition 1.4

Für $A \subset X$ definieren wir

(i) das *Innere*   int $A := \bigcup_{\{U \subset A : U \text{ offen}\}} U$;

(ii) den *Abschluss*   cl $A := \bigcap_{\{C \supset A : C \text{ abgeschlossen}\}} C$.

Man verwendet auch oft die Bezeichnungen $A^o := \text{int } A$ und $\overline{A} := \text{cl } A$.

Gilt cl $A = X$, so heißt A *dicht* in X. Existiert eine Menge $A \subset X$, die abzählbar und dicht in X ist, so heißt X *separabel.*

Aus der Definition folgt, dass das Innere von A stets offen und der Abschluss von A stets abgeschlossen ist. Insbesondere ist A offen genau dann, wenn $A = \text{int } A$ gilt, und abgeschlossen genau dann, wenn $A = \text{cl } A$ gilt.

Schließlich nennen wir eine Menge $A \subset X$ *beschränkt,* falls für den *Durchmesser*

$$\text{diam}(A) := \sup_{x,y \in A} d(x, y) < \infty$$

gilt.

Eine Metrik erlaubt es, Konvergenz von Folgen zu definieren.

Definition 1.5

Eine Folge $\{x_n\}_{n \in \mathbb{N}} \subset X$ *konvergiert* in X gegen den *Grenzwert* $x \in X$, falls eine der folgenden äquivalenten Eigenschaften gilt:

(i) Für alle $\varepsilon > 0$ existiert ein $N \in \mathbb{N}$ mit $d(x_n, x) \leq \varepsilon$ für alle $n \geq N$;

(ii) Für jede Umgebung U von x existiert ein $N \in \mathbb{N}$ mit $x_n \in U$ für alle $n \geq N$.

In diesem Fall schreiben wir $x_n \to_{(X,d)} x$ bzw. kurz $x_n \to x$, falls offensichtlich ist, welcher metrische Raum gemeint ist.

Die Äquivalenz folgt dabei direkt aus der Definition von Umgebungen. Aus der Definition folgt auch die Eindeutigkeit des Grenzwertes. Weiterhin gilt für $A \subset X$, dass

$$\text{cl } A = \{x \in X : \text{es existiert } \{x_n\}_{n \in \mathbb{N}} \text{ mit } x_n \to x\} \tag{1.1}$$

ist. Insbesondere ist A abgeschlossen genau dann, wenn der Grenzwert jeder konvergenten Folge $\{x_n\}_{n\in\mathbb{N}} \subset X$ in A liegt. Weiterhin sind zwei metrische Räume (X, d_1) und (X, d_2) äquivalent genau dann, wenn sie die selben konvergenten Folgen (mit übereinstimmendem Grenzwert) besitzen.

Definition 1.6

Sei $\{x_n\}_{n\in\mathbb{N}} \subset X$ eine Folge.

(i) Ist $\{n_k\}_{k\in\mathbb{N}} \subset \mathbb{N}$ eine streng monoton wachsende Folge, dann ist $\{x_{n_k}\}_{k\in\mathbb{N}}$ eine Folge, genannt *Teilfolge* von $\{x_n\}_{n\in\mathbb{N}}$.

(ii) Hat $\{x_n\}_{n\in\mathbb{N}}$ eine konvergente Teilfolge mit Grenzwert $x \in X$, so heißt x *Häufungspunkt* von $\{x_n\}_{n\in\mathbb{N}}$.

(iii) Existiert für alle $\varepsilon > 0$ ein $N \in \mathbb{N}$ mit $d(x_m, x_n) \leq \varepsilon$ für alle $m, n \geq N$, so heißt $\{x_n\}_{n\in\mathbb{N}}$ *Cauchy-Folge*.

Genau wie für reelle Folgen zeigt man, dass jede Cauchy-Folge maximal einen Häufungspunkt besitzt. Jede konvergente Folge ist also eine Cauchy-Folge; die Umkehrung gilt im Allgemeinen nicht. Metrische Räume, in denen jede Cauchy-Folge konvergiert, heißen *vollständig;* wie wir in Teil II sehen werden, ist dies eine fundamentale Eigenschaft mit weitreichenden Folgen. Beispielsweise sind $\mathbb{R}^n$ oder $\mathbb{C}^n$ sowohl versehen mit der euklidischen als auch mit den Produktmetriken aus Beispiel 1.2 (iii) vollständig. Außerdem bilden abgeschlossene Mengen in vollständigen metrischen Räumen (versehen mit der Relativmetrik) wieder vollständige metrische Räume. Beachten Sie, dass äquivalente metrische Räume zwar die selben konvergenten Folgen, nicht aber die selben Cauchy-Folgen besitzen müssen – Äquivalenz erhält also nicht die Vollständigkeit! (Vollständigkeit ist deshalb eine *metrische* und keine *topologische* Eigenschaft.)

Analog zur Konvergenz von Folgen lässt sich auch die Stetigkeit von Abbildungen auf metrische Räume übertragen.

Definition 1.7

Seien (X, d_X) und (Y, d_Y) metrische Räume. Eine Abbildung $f : X \to Y$ heißt *stetig* in $x \in X$, falls eine der folgenden äquivalenten Eigenschaften gilt:

(i) Für alle $\varepsilon > 0$ existiert ein $\delta > 0$ mit $f(B_\delta(x)) \subset B_\varepsilon(f(x))$ (äquivalent: $f(U_\delta(x)) \subset U_\varepsilon(f(x)))$.

(ii) Für jede Umgebung V von $f(x)$ existiert eine Umgebung U von x mit $f(U) \subset V$.

(iii) Für jede Folge $\{x_n\}_{n\in\mathbb{N}} \subset X$ mit $x_n \to x$ in X gilt $f(x_n) \to f(x)$ in Y.

Wir nennen f *stetig* auf X, wenn f stetig in x für alle $x \in X$ ist, und *beschränkt,* wenn $\sup_{x,y\in X} d_Y(f(x), f(y)) < \infty$ ist.

Diese Definition formalisiert die intuitive Vorstellung, dass eine stetige Funktion f Punkte in der Nähe von x auf Punkte in der Nähe von $f(x)$ abbildet. Die Äquivalenz folgt dabei wieder aus den Definitionen von Umgebung und Konvergenz in metrischen Räumen. Eine alternative Charakterisierung, die später nützlich sein wird, ist die folgende.

Satz 1.8 *Seien (X, d_X) und (Y, d_Y) metrische Räume. Eine Abbildung $f : X \to Y$ ist stetig genau dann, wenn für alle offenen Mengen $V \subset Y$ die* Urbilder

$$f^{-1}(V) := \{x \in X : f(x) \in V\}$$

offen sind.

Die Bilder offener Mengen müssen dagegen *nicht* offen sein! Durch Komplementbildung erhält man daraus

Folgerung 1.9 $f : X \to Y$ *ist stetig genau dann, wenn für alle abgeschlossenen Mengen $V \subset Y$ die Urbilder $f^{-1}(V)$ abgeschlossen sind.*

Ist X ein metrischer Raum, so ist der Raum aller stetigen, beschränkten, reellwertigen (oder komplexwertigen) Funktionen

$$C_b(X) := \{f : X \to \mathbb{R} : f \text{ stetig und beschränkt}\}$$

zusammen mit

$$d(f, g) := \sup_{x \in X} |f(x) - g(x)| \tag{1.2}$$

ein vollständiger metrischer Raum. Definition 1.5 entspricht dann genau der gleichmäßigen Konvergenz von Funktionenfolgen.

Metrische Räume stellen nicht den allgemeinsten Rahmen für die oben eingeführten Begriffe dar. Anstatt offene Mengen mit Hilfe offener Kugeln (d. h. über Metriken) zu definieren, kann man diese direkt axiomatisch einführen: Man definiert die Topologie τ auf X als ein System von Teilmengen von X, das X und $\emptyset$ enthält und abgeschlossen bezüglich Vereinigung und endlichen Schnitten ist; das Paar (X, τ) heißt dann *topologischer Raum*. In topologischen Räumen definiert man Konvergenz von Folgen und Stetigkeit direkt über die Eigenschaft (ii) in Definition 1.5 beziehungsweise Definition 1.7; allerdings sind Definition 1.7 (ii) und (iii) nicht mehr unbedingt äquivalent (man bezeichnet Letztere dann als *Folgenstetigkeit*); Details findet man z. B. in [21, Kap. 1] oder [6]. Topologische Räume tauchen zum Beispiel auf, wenn man die punktweise (nicht gleichmäßige) Konvergenz von Funktionenfolgen untersuchen möchte, welche im Allgemeinen nicht durch eine Metrik ausgedrückt werden kann.

Aufgaben

Aufgabe 1.1 *Kugeln und Umgebungen*

(i) Sei (X, d) ein metrischer Raum und $x \in X$. Zeigen Sie, dass jede Umgebung von x eine abgeschlossene Kugel $B_r(x)$ um x mit Radius $r > 0$ enthält.

(ii) Geben Sie ein Beispiel für einen metrischen Raum (X, d) an, in dem $x \in X$ und $r > 0$ existieren, so dass cl $U_r(x) \neq B_r(x)$ ist.

Aufgabe 1.2 *Stereographische Projektion*

Bezeichne d_1 die euklidische Metrik auf $\mathbb{R}$ und sei $d_2 \colon \mathbb{R} \times \mathbb{R} \to [0, \infty)$ definiert durch

$$d_2(s, t) = |\arctan t - \arctan s| \quad \text{für alle } s, t \in \mathbb{R}.$$

Zeigen Sie:

(i) Die Abbildung d_2 ist eine Metrik auf $\mathbb{R}$.

(ii) Die metrischen Räume $(\mathbb{R}, d_1)$ und $(\mathbb{R}, d_2)$ sind äquivalent.

(iii) Der metrische Raum $(\mathbb{R}, d_2)$ ist nicht vollständig.

Aufgabe 1.3 *Inneres von Schnitten*

Sei (X, d) ein metrischer Raum und $A_1, \ldots, A_n \subset X$. Zeigen Sie, dass dann gilt

$$\text{int} \left(\bigcap_{k=1}^{n} A_k \right) = \bigcap_{k=1}^{n} \text{int } A_k.$$

Gilt dies auch für den Schnitt unendlich vieler Teilmengen?

Aufgabe 1.4 *Separable Teilmengen*

Zeigen Sie, dass jede Teilmenge A eines separablen metrischen Raumes M ebenfalls separabel ist.

Aufgabe 1.5 *Diskrete Kugeln*

Sei (X, d) ein diskreter metrischer Raum (d. h. versehen mit der diskreten Metrik).

(i) Charakterisieren Sie alle offenen Kugeln.

(ii) Charakterisieren Sie alle dichten Teilmengen.

Aufgabe 1.6 *Konvergenzprinzip*[1]

Sei (X, d) ein metrischer Raum. Zeigen Sie, dass eine Folge $\{x_n\}_{n \in \mathbb{N}}$ in X genau dann gegen $x \in X$ konvergiert, wenn jede Teilfolge $\{x_{n_k}\}_{k \in \mathbb{N}}$ von $\{x_n\}_{n \in \mathbb{N}}$ wiederum eine Teilfolge besitzt, die gegen x konvergiert.

---

[1]Dieses Konvergenzprinzip ist auch als *Teilfolgen–Teilfolgen-Argument* bekannt. Beachten Sie, dass für die Konvergenz der gesamten Folge die betrachteten Teilfolgen alle den *selben* Grenzwert haben müssen.

Kompakte Mengen

2

Eine fundamentale metrische Eigenschaft ist die Kompaktheit; salopp gesprochen werden wir sehen, dass stetige Funktionen auf kompakten Mengen ähnlich gute Eigenschaften besitzen wie Funktionen auf endlichen Mengen.

Sei im folgenden wieder (X, d) ein metrischer Raum. Wir definieren zunächst mehrere verwandte Kompaktheitsbegriffe.

Definition 2.1

Eine Menge $K \subset X$ heißt

(i) *kompakt,* falls jede offene Überdeckung von K eine endliche Teilüberdeckung besitzt, d.h. falls für jede Familie $\{U_i\}_{i \in I}$ von Mengen mit $U_i \subset X$ offen und $K \subset \bigcup_{i \in I} U_i$ eine *endliche* Teilmenge $J \subset I$ existiert mit $K \subset \bigcup_{j \in J} U_j$;

(ii) *folgenkompakt,* falls jede Folge $\{x_n\}_{n \in \mathbb{N}} \subset K$ eine konvergente Teilfolge $\{x_{n_k}\}_{k \in \mathbb{N}}$ mit Grenzwert $x \in K$ besitzt;

(iii) *präkompakt* (oder *totalbeschränkt*), falls für alle $\varepsilon > 0$ eine endliche Überdeckung mit offenen Kugeln mit Radius ε existiert, d.h. $N \in \mathbb{N}$ und $x_1, \ldots, x_N \in K$ existieren, so dass $K \subset \bigcup_{n=1}^{N} U_\varepsilon(x_i)$ gilt.

Ist (K, d) ein metrischer Raum und K kompakt, spricht man auch von einem *kompakten Raum.*

Definition (i) ist technisch, deutet aber bereits an, weshalb Kompaktheit ein guter Ersatz für Endlichkeit ist: es genügt, eine Eigenschaft durch Betrachtung endlich vieler offener Umgebungen zu verifizieren. Definition (ii) ist die in der Praxis nützlichste Eigenschaft,

© Springer Nature Switzerland AG 2019
C. Clason, *Einführung in die Funktionalanalysis,* Mathematik Kompakt,
https://doi.org/10.1007/978-3-030-24876-5_2

da sie erlaubt, aus *jeder* Folge einen Häufungspunkt zu extrahieren.[1] Beachten Sie, dass Definition (iii) impliziert, dass Teilmengen präkompakter Mengen wieder präkompakt sind (was für kompakte Mengen nach (i) nicht gilt)! Außerdem ist eine präkompakte Menge stets beschränkt.

In metrischen Räumen sind alle drei Eigenschaften äquivalent.[2]

Satz 2.2 *Für $K \subset X$ sind äquivalent:*

   (i)   K ist kompakt,
  (ii)   K ist folgenkompakt,
 (iii)   K ist vollständig (bezüglich der Relativmetrik) und präkompakt.

Beweis (i) $\Rightarrow$ (ii): Wir führen einen Widerspruchsbeweis. Angenommen, es existiert eine Folge $\{x_n\}_{n \in \mathbb{N}} \subset K$ ohne Häufungspunkt. Für alle $x \in K$ existiert also ein $r_x > 0$, so dass $U_{r_x}(x)$ nur endlich viele Folgenglieder x_n enthält (sonst könnten wir eine Teilfolge bilden, die nach Definition 1.5 (ii) konvergiert, im Widerspruch zur Annahme). Die Familie $\{U_{r_x}(x)\}_{x \in K}$ bildet aber eine offene Überdeckung von K, und aus der Kompaktheit von K folgt die Existenz einer endlichen Teilüberdeckung $\{U_{r_{\tilde{x}_i}}(\tilde{x}_i)\}_{i=1,\dots,N}$ von K. Da jede dieser Mengen nur endlich viele Folgenglieder enthält, gilt das auch für ihre (endliche) Vereinigung. Also kann K selber nur endlich viele Folgenglieder enthalten, im Widerspruch zu $\{x_n\}_{n \in \mathbb{N}} \subset K$.

(ii) $\Rightarrow$ (iii): Da jede Cauchy-Folge mit Häufungspunkt konvergiert und nach Annahme jede Folge einen Häufungspunkt besitzt, ist (K, d) nach Definition vollständig. Angenommen, K ist nicht präkompakt. Dann existiert ein $\varepsilon > 0$, so dass K nicht mit endlich vielen ε-Kugeln überdeckt werden kann. Wir können also rekursiv eine Folge konstruieren, in dem wir $x_1 \in K$ beliebig und

$$x_{n+1} \in K \setminus \bigcup_{i=1}^{n} U_\varepsilon(x_i), \qquad n \in \mathbb{N},$$

auswählen. (Diese Konstruktion ist möglich, da die Menge auf der rechten Seite nach Annahme nie leer wird.) Damit enthält jede ε-Kugel höchstens ein Folgenglied, so dass $\{x_n\}_{n \in \mathbb{N}}$ keinen Häufungspunkt haben kann im Widerspruch zur Folgenkompaktheit.

(iii) $\Rightarrow$ (i): Dies ist die schwierigste Richtung. Wir führen wieder einen Widerspruchsbeweis. Es sei $\{U_i\}_{i \in I}$ eine offene Überdeckung von K. Wir definieren nun das Mengensystem $\mathcal{B}$ aller Mengen, die nur mit unendlich vielen U_i überdeckt werden können, und zeigen, dass

---

[1]Eine schöne Darstellung der historischen Entwicklung des Kompaktheitsbegriffs findet man in [17].
[2]Dies ist nicht mehr unbedingt der Fall in topologischen Räumen; siehe z. B. [21, S. 29].

die Annahme $K \in \mathcal{B}$ zu einem Widerspruch führt. Dafür konstruieren wir per Induktion offene Kugeln $B_n := U_{2^{-n}}(x_n)$ mit $B_n \cap B_{n-1} \neq \emptyset$ und $B_n \in \mathcal{B}$. Für $n = 1$ verwenden wir die Präkompaktheit von K, um endlich viele offene Kugeln mit Radius $\varepsilon = \frac{1}{2}$ zu wählen, deren Vereinigung K überdeckt. Nach Annahme muss es darunter mindestens eine Kugel in $\mathcal{B}$ geben (denn sonst wäre $K \notin \mathcal{B}$); wir bezeichnen diese mit $B_1 = U_{\frac{1}{2}}(x_1)$. Sei nun $B_{n-1} \in \mathcal{B}$ entsprechend gewählt. Dann existieren wiederum endlich viele offene Kugeln mit Radius 2^{-n}, deren Vereinigung K überdecken und mit B_{n-1} nichtleeren Durchschnitt haben. Wegen $B_{n-1} \in \mathcal{B}$ ist nun mindestens eine dieser Kugeln in $\mathcal{B}$, die wir mit $B_n = U_{2^{-n}}(x_n)$ bezeichnen. Dadurch wird eine Cauchy-Folge $\{x_n\}_{n \in \mathbb{N}} \subset K$ definiert, denn für alle $n \in \mathbb{N}$ gilt

$$d(x_n, x_{n+1}) < 2^{-n} + 2^{-(n+1)} < 2^{-n+1}$$

und damit

$$d(x_n, x_m) < 2^{-n+1} \quad \text{für alle } n, m \text{ mit } m \geq n.$$

Da (K, d) vollständig ist, konvergiert $x_n \to x \in K$. Aus der Überdeckungseigenschaft folgt, dass $x \in U_j$ für ein $j \in I$ ist. Da U_j offen ist, existiert ein $\varepsilon > 0$ mit $x \in U_\varepsilon(x) \subset U_j$; für n groß genug gilt dann

$$B_n = U_{2^{-n}}(x_n) \subset U_\varepsilon(x) \subset U_i,$$

im Widerspruch zu $B_n \in \mathcal{B}$. $\qquad\square$

Die Richtung (iii) $\Rightarrow$ (i) zeigt insbesondere, dass jede präkompakte Menge eine Cauchy-Folge enthält.

Eigenschaft (iii) kann man als stärkere Version der Abgeschlossenheit und Beschränktheit interpretieren. Tatsächlich folgen beide Eigenschaften aus der Kompaktheit.

Folgerung 2.3 *Ist $K \subset X$ kompakt, dann ist K beschränkt und abgeschlossen.*

Beweis Die Menge K ist nach Satz 2.2 (iii) präkompakt und damit beschränkt (denn es ist $\text{diam}(K) < N\varepsilon$). Nach Satz 2.2 (ii) hat weiterhin jede Folge einen Häufungspunkt in K; also liegt jeder Grenzwert einer konvergenten Folge (der dann ja der einzige Häufungspunkt ist) in K, und damit ist K abgeschlossen. $\qquad\square$

Für $X = \mathbb{R}^n$ gilt auch die Umkehrung. Wir verwenden dafür das folgende Lemma.

Lemma 2.4 *Ist $K \subset X$ kompakt und $C \subset K$ abgeschlossen, dann ist auch C kompakt.*

Beweis Sei $\{U_i\}_{i \in I}$ eine offene Überdeckung von C. Da C abgeschlossen ist, ist $X \setminus C$ offen, und damit ist $\{U_i\}_{i \in I} \cup (X \setminus C)$ eine offene Überdeckung von K. Da K kompakt ist, existiert eine endliche Teilüberdeckung $\{U_n\}_{n=1,\dots,N} \cup (X \setminus C)$ von K und damit auch von $C \subset K$. Wegen $C \cap (X \setminus C) = \emptyset$ überdeckt $X \setminus C$ sicher nicht C, also ist insbesondere $\{U_n\}_{n=1,\dots,N}$ eine endliche Teilüberdeckung von C. Damit ist C kompakt. $\Box$

Um das gewünschte Resultat zu zeigen, müssen wir $\mathbb{R}^n$ mit einer Standardmetrik, etwa Beispiel 1.2 (i), versehen.

Satz 2.5 (Heine–Borel) *Eine Teilmenge von $\mathbb{R}^n$ ist bezüglich der euklidischen Metrik kompakt genau dann, wenn sie beschränkt und abgeschlossen ist.*

Beweis Wegen Folgerung 2.3 ist nur zu zeigen, dass beschränkte und abgeschlossene Teilmengen des $\mathbb{R}^n$ kompakt sind. Sei daher $C \subset \mathbb{R}^n$ beschränkt und abgeschlossen. Wir verwenden, dass eine Menge bezüglich der euklidischen Metrik genau dann beschränkt ist, wenn ihre Elemente komponentenweise beschränkt sind. Es existiert also ein $M > 0$, so dass

$$C \subset \prod_{i=1}^{n} [-M, M] =: K$$

gilt. Aus der Analysis ist bekannt, dass das abgeschlossene Intervall $[-M, M]$ kompakt ist. Wir zeigen nun, dass daraus die (Folgen-)Kompaktheit des n-dimensionalen Quaders K folgt, indem wir ein Diagonalfolgenargument anwenden. Dies erfordert eine spezielle Notation. Sei $\{x_k\}_{k \in \mathbb{N}} \subset K$ eine Folge, wobei wir für $x_k \in \mathbb{R}^n$ schreiben $x_k = (x_k^1, \dots, x_k^n)$. Dann gilt $\{x_k^1\}_{k \in \mathbb{N}} \subset [-M, M]$, es existiert also eine konvergente Teilfolge, die wir mit $\{x_k^1\}_{k \in \mathbb{N}_1}$ für eine unendliche Teilmenge $\mathbb{N}_1 \subset \mathbb{N}$ bezeichnen, deren Grenzwert $x^1 \in [-M, M]$ liegt. Wir betrachten nun die Folge $\{x_k^2\}_{k \in \mathbb{N}_1} \subset [-M, M]$, die wiederum eine Teilfolge $\{x_k^2\}_{k \in \mathbb{N}_2}$ für $\mathbb{N}_2 \subset \mathbb{N}_1$ mit Grenzwert $x^2 \in [-M, M]$ besitzt. Schlussendlich erhalten wir daraus ein $\mathbb{N}_n \subset \cdots \subset \mathbb{N}_1 \subset \mathbb{N}$ so dass $\{x_k^n\}_{k \in \mathbb{N}_n}$ konvergiert gegen $x^n \in [-M, M]$. Da jede Teilfolge einer konvergenten Folge gegen den selben Grenzwert konvergiert, folgt daraus insbesondere die Existenz einer Teilfolge $\{x_k\}_{k \in \mathbb{N}_n}$ mit Grenzwert $x := (x^1, \dots, x^n) \in \prod_{i=1}^{n} [-M, M]$, zunächst bezüglich der komponentenweisen Konvergenz. Da Folgen im $\mathbb{R}^n$ bezüglich der euklidischen Metrik genau dann konvergieren, wenn sie komponentenweise konvergieren, folgt damit die Kompaktheit von K. Die Kompaktheit von C folgt nun mit Lemma 2.4. $\Box$

Der Satz von Heine–Borel beruht also wesentlich auf der Äquivalenz von metrischer und komponentenweiser Konvergenz (bzw. Beschränktheit), und ist daher in unendlichdimensionalen metrischen Räumen im Allgemeinen falsch. (Wir werden später ein Gegenbeispiel sehen). Darin äußert sich eine der wesentlichen Komplikationen in der Funktionalanalysis gegenüber der linearen Algebra.[3]

Oft wird Satz 2.5 direkt für Folgenkompaktheit formuliert.

Folgerung 2.6 (Satz von Bolzano–Weierstraß) *Jede beschränkte Folge in $\mathbb{R}^n$ besitzt eine konvergente Teilfolge.*

Man kann auf die Präkompaktheit zwar im Allgemeinen nicht verzichten; ist der metrische Raum X aber vollständig, reicht stattdessen die Abgeschlossenheit aus.

Satz 2.7 *Sei (X, d) vollständig und $A \subset X$. Dann sind äquivalent:*

(i) A ist präkompakt;

(ii) A ist relativkompakt, d. h. cl A ist kompakt;

(iii) jede Folge in A hat eine konvergente Teilfolge (deren Grenzwert nicht in A liegen muss).

Beweis (iii) $\Rightarrow$ (ii): Sei $\{x_n\}_{n\in\mathbb{N}}$ eine Folge in cl A. Nach (1.1) existiert dann für jedes x_n eine Folge $\{x_{n,k}\}_{k\in\mathbb{N}} \subset A$ mit $x_{n,k} \to x_n$ für $k \to \infty$, d. h. für alle $\varepsilon > 0$ existiert ein $N_n \in \mathbb{N}$ und $\tilde{x}_n := x_{n,N}$ mit $d(x_n, \tilde{x}_n) \leq \varepsilon/2$. Betrachte nun die Folge $\{\tilde{x}_n\}_{n\in\mathbb{N}} \subset A$, die nach Annahme eine konvergente Teilfolge $\{\tilde{x}_{n_k}\}_{k\in\mathbb{N}} \subset A$ mit Grenzwert $x \in$ cl A besitzt (da der Grenzwert jeder konvergenten Folge in A stets in cl A liegt). Für $\varepsilon > 0$ existiert dann ein $N \in \mathbb{N}$ mit $d(x, \tilde{x}_{n_k}) \leq \varepsilon/2$ für alle $k \geq N$, woraus folgt

$$d(x, x_{n_k}) \leq d(x, \tilde{x}_{n_k}) + d(\tilde{x}_{n_k}, x_{n_k}) \leq \varepsilon \qquad \text{für alle } k \geq N,$$

d. h. die Teilfolge $\{x_{n_k}\}_{k\in\mathbb{N}}$ konvergiert gegen $x \in$ cl A und damit ist cl A kompakt.

(ii) $\Rightarrow$ (i): Ist cl A kompakt, so ist cl A insbesondere präkompakt. Damit ist auch die Teilmenge $A \subset$ cl A präkompakt.

(i) $\Rightarrow$ (iii): Sei $\{x_n\}_{n\in\mathbb{N}} \subset A$ eine Folge. Ist A präkompakt, so ist es auch die Teilmenge aller Folgenglieder. Aus dem Beweis von Satz 2.2 folgt nun, dass $\{x_n\}_{n\in\mathbb{N}}$ als präkompakte Menge eine Cauchy-Teilfolge enthält. Da X vollständig ist, muss diese konvergieren. $\square$

---

[3]Auch im $\mathbb{R}^n$ lassen sich Metriken konstruieren, für die eine dieser Äquivalenzen und damit auch die Aussage nicht gilt.

Wir betrachten nun stetige Funktionen auf kompakten Mengen.

Satz 2.8 *Seien X, Y metrische Räume und $f : X \to Y$ stetig. Ist $K \subset X$ kompakt, so ist auch $f(K) \subset Y$ kompakt.*

Beweis Sei $\{U_i\}_{i \in I}$ eine offene Überdeckung von $f(K)$. Da f stetig ist, sind die Urbilder $\{f^{-1}(U_i)\}_{i \in I}$ wieder offen und müssen eine Überdeckung von K bilden. (Wäre das nicht der Fall, so gäbe es ein $x \in K$ mit $x \notin f(K)$, was nach Definition nicht möglich ist.) Aus der Kompaktheit von K folgt nun die Existenz einer endlichen Teilüberdeckung $\{f^{-1}(U_i)\}_{i \in J}$. Also ist $\{U_i\}_{i \in J}$ die gesuchte endliche Teilüberdeckung von $f(K)$. $\qquad\square$

Als Folgerung erhält man die in der Optimierung nützliche Tatsache, dass stetige reellwertige Funktionen auf kompakten Mengen stets ihr Maximum und Minimum annehmen.

Folgerung 2.9 (Satz von Weierstraß) *Sei (X, d) ein kompakter metrischer Raum und $f : X \to \mathbb{R}$ stetig. Dann existieren $a, b \in X$ mit $f(a) \leq f(x) \leq f(b)$ für alle $x \in X$.*

Beweis Nach Satz 2.8 ist $f(X) \subset \mathbb{R}$ kompakt und daher beschränkt und abgeschlossen. Wegen der Beschränktheit sind $\alpha := \inf f(X)$ und $\beta := \sup f(X)$ endlich. Aus den Eigenschaften des Infimums und Supremums folgt dann die Existenz von Folgen $\{x_n\}_{n \in \mathbb{N}} \subset X$ mit $f(x_n) \to \alpha$ und $\{y_n\}_{n \in \mathbb{N}} \subset X$ mit $f(y_n) \to \beta$, und die Abgeschlossenheit liefert $\alpha, \beta \in f(X)$, woraus die Behauptung folgt. $\qquad\square$

Insbesondere sind stetige Funktionen auf kompakten Mengen stets beschränkt; in kompakten metrischen Räumen (K, d) gilt daher

$$C_b(K) = C(K) := \{f : K \to \mathbb{R} : f \text{ stetig}\}.$$

Bisher ist noch nicht klar, ob überhaupt kompakte Teilmengen in unendlichdimensionalen Räumen existieren. Dies werden wir jetzt für $C(K)$ zeigen. Wir benötigen dafür das folgende Lemma.

Lemma 2.10 *Ein kompakter metrischer Raum ist separabel.*

Beweis Sei (K, d) kompakt. Wir müssen zeigen, dass eine abzählbare dichte Teilmenge existiert. Dafür verwenden wir, dass K präkompakt ist, für alle $\varepsilon > 0$ also eine endliche Überdeckung mit offenen ε-Kugeln existiert. Bezeichne für $n \in \mathbb{N}$ die Menge aller Mittelpunkte dieser Kugeln für $\varepsilon = \frac{1}{n}$ mit P_n. Da alle P_n endlich sind, ist $P := \bigcup_{n \in \mathbb{N}} P_n$ abzählbar. Sei nun $x \in K$ beliebig. Für alle $\varepsilon > 0$ können wir dann $n \in \mathbb{N}$ wählen mit $\frac{1}{n} < \varepsilon$. Aus der Überdeckungseigenschaft folgt dann die Existenz von $x_n \in P_n \subset P$ mit $d(x_n, x) < \varepsilon$. Nach Definition gilt dann $x_n \to x$, d. h. $x \in \operatorname{cl} P$ und damit $K = \operatorname{cl} P$. $\qquad\square$

Wir geben nun eine Charakterisierung der Präkompaktheit in $C(K)$ an.

Satz 2.11 (Arzelà–Ascoli) *Sei (K, d) ein kompakter metrischer Raum und $A \subset C(K)$. Ist A*

(i) *punktweise beschränkt, d. h. für alle $f \in A$ ist die Menge $\{f(x) : x \in K\} \subset \mathbb{R}$ beschränkt,*

(ii) *gleichgradig stetig, d. h. für alle $\varepsilon > 0$ existiert ein $\delta > 0$ so dass für alle $f \in A$ und $x, y \in K$ gilt $|f(x) - f(y)| \le \varepsilon$ falls $d(x, y) \le \delta$,*

so ist A präkompakt.

Beweis Wir verwenden Satz 2.7 (iii) und konstruieren für eine gegebene Folge $\{f_n\}_{n \in \mathbb{N}} \subset A$ eine konvergente Teilfolge über ein Diagonalfolgenargument. Nach Lemma 2.10 existiert eine abzählbare dichte Teilmenge $\{x_1, x_2, \dots\} =: X \subset K$. Wir setzen $f_n^0 := f_n$ und betrachten die Folge $\{f_n^0(x_1)\}_{n \in \mathbb{N}} \subset \mathbb{R}$. Diese ist nach Annahme (i) beschränkt und hat daher nach dem Satz von Bolzano–Weierstraß (Folgerung 2.6) eine konvergente Teilfolge, die wir mit $\{f_n^1(x_1)\}_{n \in \mathbb{N}}$ bezeichnen. So fortfahrend finden wir also für jedes $j \in \mathbb{N}$ eine Teilfolge $\{f_n^j\}_{n \in \mathbb{N}}$, so dass $\{f_n^j(x_k)\}_{n \in \mathbb{N}}$ für alle $k \le j$ konvergiert. Aus dieser Folge von Teilfolgen bilden wir nun die Diagonalfolge durch $f_n^* := f_n^n$. Diese ist eine Teilfolge von $\{f_n\}_{n \in \mathbb{N}}$ und für alle $n \ge j$ auch von $\{f_n^j\}_{n \in \mathbb{N}}$. Also konvergiert $\{f_n^*(x_j)\}_{n \in \mathbb{N}}$ für alle $j \in \mathbb{N}$, d. h. punktweise auf einer dichten Teilmenge.

Nun verwenden wir die gleichgradige Stetigkeit, um zu zeigen, dass daraus bereits die gleichmäßige Konvergenz folgt. Da $C(K)$ vollständig ist, genügt es zu zeigen, dass $\{f_n^*\}_{n \in \mathbb{N}}$ eine Cauchy-Folge ist. Sei dafür $\varepsilon > 0$ beliebig und wähle $\delta > 0$ nach der Definition der gleichgradigen Stetigkeit. Da K präkompakt ist, existiert eine Überdeckung von K mit endlich vielen offenen Kugeln $U_1, \ldots, U_p$ mit Radius $\frac{\delta}{2}$. Da X dicht in K liegt, muss jede dieser Kugeln mindestens einen Punkt aus X enthalten; um die Notation übersichtlich zu halten, gehen wir davon aus, dass $x_i \in U_i$ für alle $i = 1, \ldots, p$ gilt. Aus der Konvergenz der $\{f_n^*(x_i)\}_{n \in \mathbb{N}}$ folgt die Existenz eines $N \in \mathbb{N}$ mit

$$|f_n^*(x_i) - f_m^*(x_i)| \leq \varepsilon \qquad \text{für alle } m, n \geq N \text{ und } i = 1, \ldots, p.$$

Sei nun $x \in K$ beliebig. Dann existiert ein $j \in \{1, \ldots, p\}$ mit $x \in U_j$, d.h. $d(x, x_j) < \delta$ und aus der gleichgradigen Stetigkeit von $\{f_n^*\}_{n \in \mathbb{N}} \subset A$ folgt

$$|f_n^*(x_j) - f_n^*(x)| \leq \varepsilon \qquad \text{für alle } n \in \mathbb{N}.$$

Zusammen gilt für alle $m, n \geq N$

$$|f_n^*(x) - f_m^*(x)| \leq |f_n^*(x) - f_n^*(x_j)| + |f_n^*(x_j) - f_m^*(x_j)| + |f_m^*(x_j) - f_m^*(x)| \leq 3\varepsilon.$$

Bilden wir das Supremum über alle $x \in K$, folgt daraus $d(f_n^*, f_m^*) \leq 3\varepsilon$ für alle $n, m \geq N$, d.h. die Teilfolge $\{f_n^*(x_i)\}_{n \in \mathbb{N}}$ ist eine Cauchy-Folge und damit konvergent. $\qquad \square$

Tatsächlich gilt auch die Umkehrung; siehe z. B. [14, Satz 2.2].

Aufgaben

Aufgabe 2.1   *Vereinigung kompakter Mengen*
Zeigen Sie, dass die Vereinigung endlich vieler kompakter Mengen wieder kompakt ist. Geben Sie ein Beispiel an, dass das für unendlich viele Mengen nicht gelten muss.

Aufgabe 2.2   *Abschluss totalbeschränkter Mengen*
Zeigen Sie, dass der Abschluss einer totalbeschränkten Menge wieder totalbeschränkt ist.

Aufgabe 2.3   *Diskrete kompakte Mengen*
Zeigen Sie, dass ein diskreter metrischer Raum (X, d) kompakt ist genau dann, wenn X endlich ist.

Aufgabe 2.4   *Kompakte Folgen*
Sei (X, d) ein metrischer Raum und $\{x_n\}_{n \in \mathbb{N}} \subset X$ eine konvergente Folge mit Grenzwert $x \in X$. Zeigen Sie, dass $\{x_n\}_{n \in \mathbb{N}} \cup \{x\}$ kompakt ist.

Aufgabe 2.5 *Nicht kompakte Mengen*

Sei $C([0, \pi])$ die Menge aller stetigen reellwertigen Funktionen auf dem Intervall $[0, \pi]$ versehen mit der Supremumsmetrik

$$d(f, g) = \sup_{x \in [0,\pi]} |f(x) - g(x)| \qquad \text{für alle } f, g \in C([0, \pi]).$$

Zeigen Sie, dass die abgeschlossene Einheitskugel

$$B_C := \{ f \in C([0, \pi]) : d(f, 0) \leq 1 \}$$

nicht (folgen-)kompakt ist.

Teil II
Lineare Operatoren in normierten Räumen

Normierte Vektorräume

3

Wir kombinieren nun die in Teil I betrachteten topologischen bzw. metrischen Eigenschaften mit der algebraischen Struktur eines Vektorraums. Wie wir in den nächsten Kapiteln sehen werden, hat insbesondere die Vollständigkeit weitreichende Folgen.

Zur Erinnerung: Ein Vektorraum X über einem Körper $\mathbb{K}$ ist eine nichtleere Menge, die abgeschlossen ist bezüglich der Addition von Elementen aus X (den Vektoren) und Multiplikation mit Elementen aus $\mathbb{K}$ (den Skalaren) sowie Assoziativ- und Distributivgesetze erfüllt. Wir werden uns hier auf die Fälle $\mathbb{K} = \mathbb{R}$ oder $\mathbb{K} = \mathbb{C}$ beschränken.

Definition 3.1

Sei X ein Vektorraum über $\mathbb{K}$. Eine *Norm* auf X ist eine Abbildung $\|\cdot\|_X : X \to \mathbb{R}^+ := [0, \infty)$, die für alle $x, y \in X$ und $\lambda \in \mathbb{K}$ die folgenden Eigenschaften erfüllt:

(i) $\|x\|_X = 0$ genau dann, wenn $x = 0 \in X$ *(Nichtdegeneriertheit)*;
(ii) $\|\lambda x\|_X = |\lambda| \|x\|_X$ *(Homogenität)*;
(iii) $\|x + y\|_X \leq \|x\|_X + \|y\|_X$ *(Dreiecksungleichung)*.

In diesem Fall heißt das Paar $(X, \|\cdot\|_X)$ *normierter Vektorraum*. Ist die Norm aus dem Kontext offensichtlich, bezeichnen wir den normierten Vektorraum auch kurz mit X. Ist umgekehrt der Vektorraum offensichtlich, schreiben wir für die Norm kurz $\|\cdot\|$.

Zwei Normen $\|\cdot\|_1$ und $\|\cdot\|_2$ auf X heißen *äquivalent* falls Konstanten $c, C > 0$ existieren mit

$$c\|x\|_1 \leq \|x\|_2 \leq C\|x\|_1 \qquad \text{für alle } x \in X. \tag{3.1}$$

Bevor wir Beispiele betrachten, sammeln wir zunächst einige fundamentale Eigenschaften. Jede Norm auf X induziert vermöge

© Springer Nature Switzerland AG 2019
C. Clason, *Einführung in die Funktionalanalysis,* Mathematik Kompakt,
https://doi.org/10.1007/978-3-030-24876-5_3

$$d(x, y) := \|x - y\| \quad \text{für alle } x, y \in X$$

eine Metrik; zu jedem normierten Vektorraum $(X, \| \cdot \|)$ gehört also stets ein kanonischer metrischer Raum (X, d), zwischen denen wir in Folge nicht unterscheiden werden. Wir können also von offenen Mengen, konvergenten Folgen, und stetigen Funktionen in normierten Vektorräumen sprechen.

Die durch die Norm vermittels ihrer kanonischen Metrik induzierte Topologie ist besonders gut mit der algebraischen Struktur des Vektorraums verträglich. Wir erinnern uns: Zwei Metriken sind genau dann äquivalent, wenn sie die selben konvergenten Folgen besitzen; ist die Metrik durch eine Norm induziert, gilt $x_n \to x$ genau dann, wenn $\|x_n - x\| \to 0$ gilt.

Satz 3.2 *Seien $\| \cdot \|_1$ und $\| \cdot \|_2$ Normen auf dem Vektorraum X und d_1 bzw. d_2 die dadurch induzierten Metriken. Dann sind $\| \cdot \|_1$ und $\| \cdot \|_2$ äquivalent genau dann, wenn d_1 und d_2 äquivalent sind.*

Beweis Die erste Richtung folgt direkt aus der Definition der Äquivalenz von Normen und der Konvergenz von Folgen in normierten Vektorräumen.

Sei nun angenommen, dass $\| \cdot \|_1$ und $\| \cdot \|_2$ nicht äquivalent sind. Mindestens eine der Ungleichungen in (3.1) kann also nicht gelten; nehmen wir an, es existiert kein $C > 0$ mit $\|x\|_2 \leq C\|x\|_1$ für alle $x \in X$. Für jedes $n \in \mathbb{N}$ existiert dann ein $x_n \in X$ mit $\|x_n\|_2 \geq n\|x_n\|_1$. Setzen wir $y_n := (n\|x_n\|_1)^{-1} x_n$, so ist $\|y_n\|_1 = \frac{1}{n} \to 0$, aber für alle $n \in \mathbb{N}$ gilt $\|y_n\|_2 > 1$. Also konvergiert die Folge $\{y_n\}_{n \in \mathbb{N}}$ bezüglich d_1, aber nicht bezüglich d_2, gegen 0, und somit können d_1 und d_2 auch nicht äquivalent sein. $\square$

Äquivalente Normen besitzen also die selben konvergenten Folgen. Aus der Definition folgt aber auch, dass sie die selben Cauchy-Folgen besitzen. Im Gegensatz zu metrischen Räumen vererbt sich daher die Vollständigkeit zwischen äquivalenten normierten Vektorräumen. Die Vollständigkeit ist also hier eine stärkere Eigenschaft und verdient daher einen eigenen Namen.

Definition 3.3

Ein vollständiger normierter Vektorraum heißt *Banachraum*.

Folgerung 3.4 *Sind $\| \cdot \|_1$ und $\| \cdot \|_2$ äquivalente Normen auf X, dann ist $(X, \| \cdot \|_1)$ ein Banachraum genau dann, wenn $(X, \| \cdot \|_2)$ ein Banachraum ist.*

Eine weitere Möglichkeit zu zeigen, dass ein normierter Vektorraum vollständig ist, liefert das folgende nützliche Lemma. Zur Erinnerung: Ein Unterraum ist eine Teilmenge, die abgeschlossen bezüglich der Vektorraumoperationen ist.

Lemma 3.5 *Sei* $(X, \| \cdot \|_X)$ *ein Banachraum und* $U \subset X$ *ein Unterraum. Dann ist* $(U, \| \cdot \|_X)$ *ein Banachraum genau dann, wenn* U *abgeschlossen ist.*

Beweis Man vergewissert sich zunächst leicht, dass $(U, \| \cdot \|_X)$ ein normierter Vektorraum ist. Sei nun U abgeschlossen und $\{x_n\}_{n \in \mathbb{N}} \subset U$ eine Cauchy-Folge. Da X vollständig ist, konvergiert $x_n \to x \in X$, und aus der Abgeschlossenheit von U folgt $x \in U$.

Sei andererseits U vollständig und $\{x_n\}_{n \in \mathbb{N}} \subset U$ mit $x_n \to x \in X$. Dann ist $\{x_n\}_{n \in \mathbb{N}}$ insbesondere eine Cauchy-Folge (in X und damit ebenso in U) und besitzt wegen der Vollständigkeit von U einen Grenzwert $\tilde{x} \in U$. Da Grenzwerte eindeutig sind, muss $x = \tilde{x} \in U$ und gelten. Also ist U abgeschlossen. $\square$

Weiterhin sind die Vektorraumoperationen sowie die Norm stetig.

Satz 3.6 *Sei X ein normierter Vektorraum und $\{x_n\}_{n \in \mathbb{N}}$, $\{y_n\}_{n \in \mathbb{N}} \subset X$ und $\{\lambda_n\}_{n \in \mathbb{N}} \subset \mathbb{K}$ konvergente Folgen mit $x_n \to x$, $y_n \to y$ und $\lambda_n \to \lambda$. Dann gelten*

(i) $x_n + y_n \to x + y$;
(ii) $\lambda_n x_n \to \lambda x$;
(iii) $\|x_n\| \to \|x\|$.

Beweis Die Eigenschaften (i) und (ii) erhält man wie in $\mathbb{R}^n$ direkt aus der Dreiecksungleichung. Für (iii) verwenden wir die umgekehrte Dreiecksungleichung in der Form

$$\left| \|x_n\| - \|x\| \right| = \left| \|x_n - x + x\| - \|x\| \right| \leq \|x_n - x\| \to 0. \qquad \square$$

In normierten Vektorräumen gilt weiterhin $B_r(x) = \{y \in X : \|x - y\| \leq r\}$ und damit

$$B_r(x) = x + B_r(0) := \{y \in X : y = x + z \text{ mit } z \in B_r(0)\}$$

sowie

$$B_r(0) = r B_1(0) := \{y \in X : y = rz \text{ mit } z \in B_1(0)\},$$

und analog für $U_r(x)$. Es genügt also in einem normierten Vektorraum, die *Einheitskugel* $B_X := B_1(0)$ zu kennen.

Analog zur Konvergenz von Folgen definieren wir auch Reihen in normierten Räumen über die Norm. Sei $\{x_n\}_{n \in \mathbb{N}} \subset X$. Eine Reihe $\sum_{n=1}^{\infty} x_n$ in X *konvergiert*, wenn die Folge ihrer Partialsummen $S_N := \sum_{n=1}^{N} x_n$ konvergiert, d. h. wenn ein Element $x \in X$ existiert mit

$$\lim_{N \to \infty} \left\| x - \sum_{n=1}^{N} x_n \right\| = 0.$$

Eine Reihe $\sum_{n=1}^{\infty} x_n$ in X *konvergiert absolut,* wenn

$$\sum_{n=1}^{\infty} \|x_n\| < \infty.$$

Durch Betrachtung der Partialsummenfolgen der Normfolge zeigt man wie im $\mathbb{R}^n$ das folgende Resultat.

Lemma 3.7 *Sei X ein Banachraum. Ist die Reihe $\sum_{n=1}^{\infty} x_n$ absolut konvergent, so ist sie auch konvergent, und es gilt*

$$\left\| \sum_{n=1}^{\infty} x_n \right\| \leq \sum_{n=1}^{\infty} \|x_n\|.$$

Wir betrachten nun die kanonischen Beispiele für normierte Vektorräume.

3.1   Endlichdimensionale Räume

Zur Erinnerung: Eine Teilmenge V eines Vektorraums X heißt *Basis,* wenn sich jedes $x \in X$ *eindeutig* als Linearkombination $x = \sum_{v \in V} \alpha_v v$ mit $\alpha_v \in \mathbb{K}$ für alle $v \in V$ (den *Koeffizienten*) darstellen lässt. Ist $V = \{v_1, \dots, v_n\}$ endlich, so heißt die Zahl n die *Dimension* von X. Existiert keine endliche Basis, so ist X unendlichdimensional.

Aus der Analysis ist bekannt, dass $(\mathbb{K}, |\cdot|)$ vollständig und damit ein Banachraum ist. Ebenso ist $\mathbb{K}^n$ ein Banachraum, versehen mit einer der Normen

$$\|x\|_1 := \sum_{i=1}^{n} |x_i|, \qquad \|x\|_2 := \left(\sum_{i=1}^{n} |x_i|^2 \right)^{\frac{1}{2}}, \qquad \|x\|_\infty := \max_{i=1,\dots,n} |x_i|;$$

dies folgt direkt aus der Vollständigkeit von $(\mathbb{K}, |\cdot|)$ und der Endlichkeit der Summen bzw. Maximumsbildung. In jedem Fall sind Folgen genau dann konvergent, wenn sie komponentenweise konvergieren; die Normen sind also äquivalent. Tatsächlich gilt dies für alle Normen auf endlichdimensionalen Räumen.

Satz 3.8 *Ist X ein endlichdimensionaler Vektorraum, so sind alle Normen auf X äquivalent.*

Beweis Ist X endlichdimensional, so existiert eine Basis $\{v_1, \ldots, v_n\}$. Wir werden zeigen, dass jede Norm $\|\cdot\|$ äquivalent ist zur *euklidischen Norm*

$$\|x\|_2 = \left\|\sum_{i=1}^n \alpha_i v_i\right\|_2 := \left(\sum_{i=1}^n |\alpha_i|^2\right)^{\frac{1}{2}}.$$

Eine Folge konvergiert genau dann in $(X, \|\cdot\|_2)$, wenn die zugehörigen Koeffizientenfolgen konvergieren. Insbesondere ist $(X, \|\cdot\|_2)$ vollständig, da $(\mathbb{K}^n, \|\cdot\|_2)$ vollständig ist.

Setze nun $M := \max\{\|v_1\|, \ldots, \|v_n\|\} > 0$. Dann folgt aus der Dreiecks- und der Cauchy–Schwarz-Ungleichung

$$\|x\| = \left\|\sum_{i=1}^n \alpha_i v_i\right\| \le \sum_{i=1}^n |\alpha_i| \|v_i\| \le \left(\sum_{i=1}^n |\alpha_i|^2\right)^{\frac{1}{2}} \left(\sum_{i=1}^n \|v_i\|^2\right)^{\frac{1}{2}} \le M\sqrt{n}\|x\|_2$$

und damit die zweite Ungleichung in (3.1) mit $C := M\sqrt{n} > 0$.

Für die erste Ungleichung betrachten wir $S := \{x \in X : \|x\|_2 = 1\}$. Offensichtlich ist S bezüglich $\|\cdot\|_2$ beschränkt. Außerdem ist S abgeschlossen, denn S ist das Urbild der abgeschlossenen Menge $\{1\}$ unter der stetigen Funktion $\|\cdot\|_2$ (siehe Satz 3.6 (iii)). Da wir X durch $\|\cdot\|_2$ mit der euklidischen Metrik versehen haben, können wir den Satz 2.5 von Heine–Borel anwenden; also ist S kompakt. Nach dem Satz von Weierstraß (Folgerung 2.9) nimmt die bezüglich $\|\cdot\|_2$ stetige Funktion $\|\cdot\|$ (dies folgt aus der zuerst bewiesenen Ungleichung) auf S ihr Minimum an. Es existiert also ein $\bar{x} \in S$ mit

$$c := \|\bar{x}\| \le \|x\| \qquad \text{für alle } x \in S.$$

Da $\|\cdot\|_2$ eine Norm ist und $0 \notin S$ gilt, muss $\bar{x} \ne 0$ sein. Sei nun $x \in X \setminus \{0\}$ beliebig. Dann ist $\frac{x}{\|x\|_2} \in S$ und damit

$$c \le \left\|\frac{x}{\|x\|_2}\right\| = \|x\|_2^{-1}\|x\|,$$

woraus die erste Ungleichung folgt. $\qquad\square$

Da Vollständigkeit beim Übergang zu äquivalenten Normen erhalten bleibt und $(X, \| \cdot \|_2)$ vollständig ist, erhalten wir

Folgerung 3.9 *Alle endlichdimensionalen normierten Vektorräume sind vollständig.*

Auch bezüglich Kompaktheit nehmen endlichdimensionale Räume eine Sonderstellung ein. Wir benötigen das folgende Lemma.

Lemma 3.10 (Riesz) *Sei U ein abgeschlossener Unterraum des normierten Vektorraums X mit $U \neq X$ und sei $\delta \in (0, 1)$. Dann existiert ein $x_\delta \in X$ mit $\|x_\delta\| = 1$ und*

$$\|x_\delta - u\| \geq \delta \quad \textit{für alle } u \in U.$$

Beweis Sei $x \in X \setminus U$ beliebig. Da U abgeschlossen ist, gilt

$$d := \inf \{\|x - u\| : u \in U\} > 0,$$

denn andernfalls gäbe es eine Folge $\{u_n\}_{n \in \mathbb{N}} \subset U$ mit $u_n \to x$ und $x \in \operatorname{cl} U = U$. Wegen $d < d/\delta$ existiert also nach Definition des Infimums ein $u_\delta \in U$ mit

$$d \leq \|x - u_\delta\| < d/\delta.$$

Setze $x_\delta := \frac{x - u_\delta}{\|x - u_\delta\|}$, so dass $\|x_\delta\| = 1$.

Sei nun $u \in U$ beliebig. Da U ein Unterraum ist, ist auch $u_\delta + (\|x - u_\delta\|)u \in U$, und daraus folgt durch Einsetzen

$$\|x_\delta - u\| = \|x - u_\delta\|^{-1} \|x - u_\delta - (\|x - u_\delta\|)u\| \geq \|x - u_\delta\|^{-1} d > \delta. \qquad \square$$

Wir definieren weiter den *Spann* (oder die *lineare Hülle*) einer (nicht notwendigerweise endlichen) Teilmenge A von X als

$$\operatorname{span} A = \left\{ \sum_{k=1}^{N} \lambda_k a_k : N \in \mathbb{N}, \lambda_k \in \mathbb{R}, a_k \in A \right\},$$

d. h. die Menge aller *endlichen* Linearkombinationen von Elementen aus A.

Satz 3.11 *In einem normierten Raum X ist die Einheitskugel B_X genau dann kompakt, wenn X endlichdimensional ist.*

Beweis Ist X endlichdimensional, so folgt wie im Beweis von Satz 3.8, dass B_X kompakt ist, denn sämtliche topologischen Eigenschaften wie Abgeschlossenheit, Beschränktheit und Kompaktheit bleiben nach Satz 3.2 beim Übergang zu äquivalenten Normen erhalten.

Sei umgekehrt B_X kompakt. Dann existieren endlich viele offene Kugeln mit Radius $\frac{1}{2}$ mit $B_X \subset \bigcup_{i=1}^{n} U_{\frac{1}{2}}(x_i)$ mit $x_i \in B_X$. Wir zeigen nun, dass $\{x_1, \dots, x_n\}$ eine Basis von X darstellt und damit X endlichdimensional ist. Angenommen, dies wäre nicht der Fall. Dann ist $\mathrm{span}\{x_1, \dots, x_n\}$ ein echter und (wegen der Endlichkeit der Menge) abgeschlossener Unterraum von X, und nach dem Rieszschen Lemma 3.10 existiert ein Vektor $x_{\frac{1}{2}} \in B_X$ mit $\|x_{\frac{1}{2}} - x_i\| > \frac{1}{2}$ für alle $i = 1, \dots, n$, im Widerspruch zur Wahl der x_i. $\qquad\Box$

Abgeschlossene beschränkte Mengen sind in unendlichdimensionalen normierten Räumen also *nicht* kompakt; das Fehlen dieser nützlichen Eigenschaft hat die Entwicklung eigenständiger funktionalanalytischer Werkzeuge entscheidend geprägt.

3.2 Folgenräume

Wir betrachten nun die einfachsten Beispiele für unendlichdimensionale normierte Räume. Wir bezeichnen die Menge aller Folgen in $\mathbb{K}$ mit

$$\mathbb{K}^{\mathbb{N}} := \big\{\{x_k\}_{k\in\mathbb{N}} : x_k \in \mathbb{K} \text{ für alle } k \in \mathbb{N}\big\}$$

und definieren die Teilmengen

$$\ell^\infty(\mathbb{K}) := \Big\{x \in \mathbb{K}^{\mathbb{N}} : x = \{x_k\}_{k\in\mathbb{N}} \text{ ist beschränkt}\Big\},$$

$$c(\mathbb{K}) := \Big\{x \in \mathbb{K}^{\mathbb{N}} : x = \{x_k\}_{k\in\mathbb{N}} \text{ ist konvergent}\Big\},$$

$$c_0(\mathbb{K}) := \Big\{x \in \mathbb{K}^{\mathbb{N}} : x = \{x_k\}_{k\in\mathbb{N}} \text{ ist Nullfolge}\Big\},$$

$$c_e(\mathbb{K}) := \Big\{x \in \mathbb{K}^{\mathbb{N}} : x = \{x_k\}_{k\in\mathbb{N}} \text{ ist endliche Folge}\Big\},$$

d. h. $\{x_k\}_{k\in\mathbb{N}} \in c_e(\mathbb{K})$ genau dann, wenn ein $N \in \mathbb{N}$ existiert mit $x_k = 0$ für alle $k \geq N$. Man vergewissert sich leicht, dass diese Mengen bezüglich der komponentenweisen Addition und Skalarmultiplikation abgeschlossen sind und Vektorräume bilden. Wir versehen diese Räume nun mit der *Supremumsnorm*

$$\|x\|_\infty := \sup_{k \in \mathbb{N}} |x_k| \qquad \text{für } x = \{x_k\}_{k \in \mathbb{N}}.$$

Satz 3.12 *Der Raum* $(\ell^\infty(\mathbb{K}), \|\cdot\|_\infty)$ *ist ein Banachraum.*

Beweis Wir vergewissern uns zuerst, dass dadurch tatsächlich ein normierter Raum definiert ist. Beachte, dass $x \in \mathbb{K}^{\mathbb{N}}$ nach Definition genau dann beschränkt ist, wenn $\|x\|_\infty$ endlich ist. Nichtdegeneriertheit und Homogenität sind offensichtlich. Seien nun $x, y \in \ell^\infty(\mathbb{K})$ und $n \in \mathbb{N}$ beliebig. Dann gilt

$$|x_k + y_k| \le |x_k| + |y_k| \le \sup_{k \in \mathbb{N}} |x_k| + \sup_{k \in \mathbb{N}} |y_k| = \|x\|_\infty + \|y\|_\infty,$$

und Übergang zum Supremum über alle $k \in \mathbb{N}$ ergibt die Dreiecksungleichung.

Für die Vollständigkeit müssen wir Folgen von Folgen betrachten; wir ändern dafür wieder die Notation und schreiben $x = \{x(k)\}_{k \in \mathbb{N}} \in \mathbb{K}^{\mathbb{N}}$. Sei nun $\{x_n\}_{n \in \mathbb{N}}$ eine Cauchy-Folge in $(\ell^\infty(\mathbb{K}), \|\cdot\|_\infty)$. Dann ist wegen $|x_n(k)| \le \|x_n\|_\infty$ für alle $k \in \mathbb{N}$ auch $\{x_n(k)\}_{n \in \mathbb{N}}$ eine Cauchy-Folge, die wegen der Vollständigkeit von $\mathbb{R}$ einen Grenzwert $x(k) \in \mathbb{R}$ besitzt. Dadurch wird eine Folge $x := \{x(k)\}_{k \in \mathbb{N}}$ definiert, für die wir nun nachweisen müssen, dass einerseits $x \in \ell^\infty(\mathbb{K})$ und andererseits $\|x_n - x\|_\infty \to 0$ gilt. Da $\{x_n\}_{n \in \mathbb{N}}$ eine Cauchy-Folge ist, existiert für $\varepsilon > 0$ beliebig ein $N \in \mathbb{N}$ mit

$$|x_n(k) - x_m(k)| \le \|x_n - x_m\|_\infty \le \varepsilon \qquad \text{für alle } n, m \ge N, \ k \in \mathbb{N}.$$

Sei nun $k \in \mathbb{N}$ beliebig. Wegen $x_n(k) \to x(k)$ existiert weiterhin ein $M(k)$ mit

$$|x_M(k) - x(k)| \le \varepsilon,$$

wobei wir ohne Einschränkung $M(k) \ge N$ annehmen dürfen. Es gilt also für alle $n \ge N$

$$|x_n(k) - x(k)| \le |x_n(k) - x_{M(k)}(k)| + |x_{M(k)}(k) - x(k)| \le 2\varepsilon.$$

Daraus folgt zum einen

$$|x(k)| \le |x_N(k)| + |x(k) - x_N(k)| \le \|x_N\|_\infty + 2\varepsilon < \infty$$

und damit $x \in \ell^\infty(\mathbb{K})$, zum anderen durch Supremum über alle $k \in \mathbb{N}$

$$\|x_n - x\|_\infty \le 2\varepsilon \qquad \text{für alle } n \ge N$$

und damit $x_n \to x$ in der Supremumsnorm. $\qquad\qquad\qquad\qquad\qquad\qquad\qquad\qquad \square$

Für die anderen Vektorräume verwenden wir Lemma 3.5.

Satz 3.13 *Versehen mit der Supremumsnorm sind $c(\mathbb{K})$ und $c_0(\mathbb{K})$, aber nicht $c_e(\mathbb{K})$, Banachräume.*

Beweis Man sieht leicht, dass alle drei Räume Untervektorräume von $\ell^\infty(\mathbb{K})$ und deshalb zusammen mit der Supremumsnorm normierte Vektorräume sind. Es bleibt also nur zu zeigen, dass $c(\mathbb{K})$ und $c_0(\mathbb{K})$, aber nicht $c_e(\mathbb{K})$ abgeschlossen sind.

Sei zunächst $\{x_n\}_{n\in\mathbb{N}} \subset c(\mathbb{K})$ eine in $\ell^\infty(\mathbb{K})$ konvergente Folge mit Grenzwert $x \in \ell^\infty(\mathbb{K})$. Wir zeigen, dass $x = \{x(k)\}_{k\in\mathbb{N}}$ selber Cauchy-Folge (in $\mathbb{K}$) ist. Sei $\varepsilon > 0$ gegeben. Dann existiert wegen der Konvergenz der Folge $\{x_n\}_{n\in\mathbb{N}}$ ein $N \in \mathbb{N}$ mit $\|x_N - x\|_\infty \leq \varepsilon$. Da die Folge $x_N = \{x_N(k)\}_{k\in\mathbb{N}} \in c(\mathbb{K})$ konvergent und damit Cauchy-Folge ist, existiert weiterhin ein $M \in \mathbb{N}$ mit $|x_N(k) - x_N(l)| \leq \varepsilon$ für alle $k, l \geq M$. Damit gilt für alle $k, l \geq M$

$$|x(k) - x(l)| \leq |x(k) - x_N(k)| + |x_N(k) - x_N(l)| + |x_N(l) - x(l)|$$
$$\leq 2\|x - x_N\|_\infty + \varepsilon \leq 3\varepsilon,$$

d. h. x ist Cauchy-Folge und damit $x \in c(\mathbb{K})$.

Sei nun $\{x_n\}_{n\in\mathbb{N}} \subset c_0(\mathbb{K})$ eine in $\ell^\infty(\mathbb{K})$ konvergente Folge mit Grenzwert $x \in \ell^\infty(\mathbb{K})$. Wir wissen bereits $x \in c(\mathbb{K})$ und müssen lediglich noch $\lim_{k\to\infty} x(k) = 0$ zeigen. Gehen wir wie eben vor, erhalten wir für $\varepsilon > 0$ ein $N \in \mathbb{N}$ und ein $M \in \mathbb{N}$ mit

$$|x(M)| \leq |x(M) - x_N(M)| + |x_N(M)| \leq \|x - x_N\|_\infty + |x_N(M)| \leq \varepsilon + \varepsilon,$$

da $x_N \in c_0(\mathbb{K})$. Also ist auch x eine Nullfolge.

Für $c_e(\mathbb{K})$ betrachte für $n, k \in \mathbb{N}$

$$x_n(k) := \begin{cases} \frac{1}{k} & \text{falls } k \leq n, \\ 0 & \text{sonst,} \end{cases} \qquad x(k) := \frac{1}{k}.$$

Dann ist $x_n \in c_e(\mathbb{K})$ für alle $n \in \mathbb{N}$ und $\|x_n - x\|_\infty = \frac{1}{n+1} \to 0$, aber $x \notin c_e(\mathbb{K})$. $\qquad\square$

Wie im letzten Schritt kann man zeigen, dass $c_e(\mathbb{K})$ dicht in $c_0(\mathbb{K})$ liegt (betrachte für $x \in c_0(\mathbb{K})$ die Folge $\{x_n\}_{n\in\mathbb{N}} \subset c_e(\mathbb{K})$ mit $x_n(k) = x(k)$ für $k \leq n$ und $x_n(k) = 0$ sonst). Eine weitere Klasse von Banachräumen erhält man durch die *p*-Normen. Wir definieren für $x = \{x_k\}_{k\in\mathbb{N}} \in \mathbb{K}^\mathbb{N}$

$$\|x\|_p := \left(\sum_{k\in\mathbb{N}} |x_k|^p\right)^{\frac{1}{p}}, \qquad 1 \leq p < \infty.$$

und setzen

$$\ell^p(\mathbb{K}) := \left\{ x \in \mathbb{K}^{\mathbb{N}} : \|x\|_p < \infty \right\}.$$

Satz 3.14 *Für $1 \leq p < \infty$ ist $\ell^p(\mathbb{K})$ ein Banachraum.*

Beweis Wieder überprüft man leicht die Nichtdegeneriertheit und Homogenität der Abbildung $\|\cdot\|_p$. Für die Dreiecksungleichung verwenden wir die *Minkowski-Ungleichung* für endliche Summen

$$\left(\sum_{k=1}^{N} |x_k + y_k|^p \right)^{\frac{1}{p}} \leq \left(\sum_{k=1}^{N} |x_k|^p \right)^{\frac{1}{p}} + \left(\sum_{k=1}^{N} |y_k|^p \right)^{\frac{1}{p}}.$$

Wir erhalten

$$\sum_{k=1}^{N} |x_k + y_k|^p \leq (\|x\|_p + \|y\|_p)^p \qquad \text{für alle } N \in \mathbb{N},$$

woraus durch Grenzübergang $N \to \infty$ und Ziehen der p-ten Wurzel folgt

$$\|x + y\|_p \leq \|x\|_p + \|y\|_p.$$

Also ist $x + y \in \ell^p(\mathbb{K})$ und $\ell^p(\mathbb{K})$ ein normierter Raum.

Sei nun $\{x_n\}_{n \in \mathbb{N}} \subset \ell^p(\mathbb{K})$ eine Cauchy-Folge. Dann gilt

$$|x_n(k) - x_m(k)|^p \leq \sum_{j=1}^{\infty} |x_n(j) - x_m(j)|^p = \|x_n - x_m\|_p^p \qquad \text{für alle } k, n, m \in \mathbb{N}.$$

Also ist $\{x_n(k)\}_{n \in \mathbb{N}}$ Cauchy-Folge für alle $k \in \mathbb{N}$ und konvergiert daher gegen ein $x(k) \in \mathbb{K}$. Für $\varepsilon > 0$ finden wir daher ein $M \in \mathbb{N}$ mit

$$\|x_n - x_m\|_p \leq \varepsilon \qquad \text{für alle } m, n \geq M,$$

und für jedes $N \in \mathbb{N}$ ein $m = m(N) \geq N$, so dass gilt

$$\left(\sum_{k=1}^{N} |x_m(k) - x(k)|^p \right)^{\frac{1}{p}} \leq \varepsilon$$

(dies ist möglich, da $x_n(k) \to x(k)$ für alle $k \leq N$). Für alle $n \geq M$ gilt dann (wieder mit Minkowski)

$$\left(\sum_{k=1}^{N} |x_n(k) - x(k)|^p \right)^{\frac{1}{p}} \le \left(\sum_{k=1}^{N} |x_n(k) - x_m(k)|^p \right)^{\frac{1}{p}} + \left(\sum_{k=1}^{N} |x_m(k) - x(k)|^p \right)^{\frac{1}{p}}$$

$$\le \|x_n - x_m\|_p + \left(\sum_{k=1}^{N} |x_m(k) - x(k)|^p \right)^{\frac{1}{p}}$$

$$\le \varepsilon + \varepsilon.$$

Grenzübergang $N \to \infty$ liefert $\|x_n - x\|_p \le 2\varepsilon$ für alle $n \ge M$ und damit $x_n \to x$ sowie $x_n - x \in \ell^p(\mathbb{K})$, woraus $x = (x - x_n) + x_n \in \ell^p(\mathbb{K})$ folgt. □

Ähnlich wie im Beweis von Satz 3.13 zeigt man, dass $c_e(\mathbb{K})$ dicht in $\ell^p(\mathbb{K})$ für $1 \le p < \infty$ liegt.

Satz 3.15 *Die Räume $c_0(\mathbb{K})$ und $\ell^p(\mathbb{K})$ für $1 \le p < \infty$ sind separabel. Der Raum $\ell^\infty(\mathbb{K})$ ist nicht separabel.*

Beweis Für $c_0(\mathbb{K})$ und $\ell^p(\mathbb{K})$ betrachte für $\mathbb{K} = \mathbb{R}$ den Raum $c_e(\mathbb{Q})$ der rationalen endlichen Folgen bzw. $c_e(\mathbb{Q} + i\mathbb{Q})$ für $\mathbb{K} = \mathbb{C}$. Da die rationalen Zahlen dicht in $\mathbb{R}$ liegen, zeigt ein Diagonalfolgenargument, dass diese Mengen dicht in $c_0(\mathbb{K})$ und $\ell^p(\mathbb{K})$ liegen. Weiterhin sind sie abzählbar, woraus die Separabilität folgt.

Für $\ell^\infty(\mathbb{K})$ betrachte eine beliebige Teilmenge $M \subset \mathbb{N}$ und definiere $x_M \in \ell^\infty(\mathbb{K})$ durch

$$x_M(k) := \begin{cases} 1 & \text{falls } k \in M, \\ 0 & \text{sonst.} \end{cases}$$

Für $M, N \subset \mathbb{N}$ mit $M \ne N$ gilt dann $\|x_M - x_N\|_\infty = 1$. Ist nun $A \subset \ell^\infty(\mathbb{K})$ eine beliebige abzählbare Teilmenge, so kann für jedes $x \in A$ die offene Kugel $U_{\frac{1}{2}}(x)$ höchstens ein solches x_M enthalten. Da aber die Menge aller Teilmengen von $\mathbb{N}$ und damit die Anzahl solcher x_M überabzählbar ist, kann A nicht dicht liegen. □

3.3 Funktionenräume

Auch $\mathbb{K}$-wertige Funktionen bilden einen $\mathbb{K}$-Vektorraum, wenn man Addition und Skalarmultiplikation punktweise definiert. Ist (X, d) ein metrischer Raum, so definieren wir den Raum der beschränkten Funktionen auf X,

$$B(X) := \{f : X \to \mathbb{K} : f \text{ beschränkt}\}$$

sowie die Supremumsnorm

$$\|f\|_\infty := \sup_{x \in X} |f(x)|.$$

Man zeigt wörtlich wie im Beweis von Satz 3.12 (man ersetze lediglich überall $k \in \mathbb{N}$ durch $x \in X$), dass $(B(X), \|\cdot\|_\infty)$ ein Banachraum ist. Analog beweist man, dass $C_b(X)$ ein abgeschlossener Unterraum von $B(X)$ und damit $(C_b(X), \|\cdot\|_\infty)$ ebenfalls ein Banachraum ist; dies folgt auch daraus, dass $\|\cdot\|_\infty$ genau die Metrik in (1.2) und damit die Topologie der gleichmäßigen Konvergenz induziert, und dass gleichmäßig konvergente Folgen stetiger Funktionen einen stetigen Grenzwert haben. Der $c_0(\mathbb{K})$ entsprechende Funktionenraum ist der Raum der Funktionen mit kompaktem Träger,

$$C_0(X) := \{f \in C(X) : \text{Für alle } \varepsilon > 0 \text{ ist } \{x \in X : |f(x)| \geq \varepsilon\} \text{ kompakt}\},$$

der wiederum ein abgeschlossener Unterraum in $C_b(X)$ und damit zusammen mit der Supremumsnorm ein Banachraum ist.

Nach dem Weierstraßschen Approximationssatz[1] lässt sich jede stetige Funktion beliebig gut durch Polynome annähern. Ein Diagonalfolgenargument wie in Satz 3.15 zeigt dann, dass für $X \subset \mathbb{R}^n$ die Polynome mit rationalen Koeffizienten dicht in $C_b(X)$ liegen und damit $C_b(X)$ separabel ist.

Man kann auch Funktionenräume analog zu $\ell^p(\mathbb{K})$, $1 \leq p \leq \infty$ definieren. Die Konstruktion ist aufwendig und erfordert einige maßtheoretische Vorarbeit; daher behandeln wir diese Räume nur kursorisch (insbesondere, da die rein funktionalanalytischen Argumente im wesentlichen die selben sind wie für $\ell^p(\mathbb{K})$) und verweisen für Details auf [8, Kap. 4] oder [5, Kap. VI].

Sei $\Omega \subset \mathbb{R}^n$ eine Lebesgue-messbare[2] Teilmenge und definiere für eine Lebesgue-messbare Funktion $f : \Omega \to \mathbb{R}$

$$\|f\|_p := \left(\int_\Omega |f(x)|^p \, dx\right)^{\frac{1}{p}}, \qquad 1 \leq p < \infty,$$

$$\|f\|_\infty := \operatorname{ess\,sup}_{x \in \Omega} |f(x)|,$$

wobei das *essentielle Supremum* definiert ist durch $M = \operatorname{ess\,sup}_{x \in \Omega} |f(x)|$ genau dann, wenn $\{x \in \Omega : |f(x)| > M\}$ Lebesgue-Maß 0 hat. Im folgenden fassen wir Funktionen, die sich nur auf einer Lebesgue-Nullmenge unterscheiden, zu einer Äquivalenzklasse zusammen, die wir der Übersichtlichkeit halber wieder mit f bezeichnen. Dann ist für alle $1 \leq p \leq \infty$ der Raum

---

[1] siehe z. B. [22, Satz I.2.11].
[2] Siehe z. B. [5, Kap. II und III] für diese und die folgenden Begriffe aus der Maßtheorie.

$$L^p(\Omega) := \big\{ f : \Omega \to \mathbb{R} : \|f\|_p < \infty \big\}$$

zusammen mit der entsprechenden Norm ein Banachraum.[3] Man kann zeigen, dass $C_b(\Omega)$ dicht in $L^p(\Omega)$ für $1 \le p < \infty$ liegt, woraus die Separabilität dieser Räume folgt. Dagegen ist $L^\infty(\Omega)$ nicht separabel, was man mit ähnlichen Argumenten wie für $\ell^\infty(\Omega)$ zeigen kann.

Aufgaben

Aufgabe 3.1 *Konvexität der Einheitskugel*
Sei X ein Vektorraum über $\mathbb{R}$ oder $\mathbb{C}$ und $p\colon X \to [0, \infty)$ eine Abbildung mit den folgenden Eigenschaften.

(i) Es ist $p(x) = 0$ genau dann, wenn $x = 0$ (Nichtdegeneriertheit);
(ii) Für alle $\lambda \in \mathbb{K}$ und für alle $x \in X$ gilt $p(\lambda x) = |\lambda| p(x)$ (Homogenität).

Zeigen Sie, dass p genau dann eine Norm ist, wenn die *p-Einheitskugel*

$$\{x \in X : p(x) \le 1\}$$

konvex ist. Zur Erinnerung: Eine Menge $U \subset X$ heißt *konvex*, wenn $\lambda x + (1 - \lambda)y \in U$ für alle $x, y \in U$ und für alle $\lambda \in [0, 1]$ gilt.

Aufgabe 3.2 *Normierte Räume*
Für $x = \{x_n\}_{n \in \mathbb{N}} \in \ell^1(\mathbb{R})$ setze

$$\|x\| = \sup_{n \in \mathbb{N}} \left| \sum_{k=1}^{n} x_k \right|.$$

Zeigen oder widerlegen Sie:

(i) $\left(\ell^1(\mathbb{R}), \|\cdot\| \right)$ ist ein normierter Raum;

(ii) $\left(\ell^1(\mathbb{R}), \|\cdot\| \right)$ ist ein Banachraum;

(iii) $\|\cdot\|$ ist äquivalent zu $\|\cdot\|_1$.

Aufgabe 3.3 *Separable normierte Räume*
Sei X ein normierter $\mathbb{R}$-Vektorraum. Zeigen Sie, dass X genau dann separabel ist, wenn es eine abzählbare Menge $A \subset X$ gibt mit $X = \mathrm{cl}\,(\mathrm{span}\, A)$.

Aufgabe 3.4 *Unterräume von ℓ^p*
Sei $1 \le p < \infty$, und

$$G_p = \left\{ \{x_k\}_{k \in \mathbb{N}} \in \ell^p(\mathbb{R}) : \sum_{k=1}^{\infty} x_k = 0 \right\}.$$

---

[3]Diese Konstruktion ist auch für allgemeine Maßräume möglich, was wichtig für die Wahrscheinlichkeitstheorie ist; siehe z. B. [1, § 1.14–1.19] oder [5, Kap. VI].

Zeigen Sie:

 (i) Die Menge G_p ist ein Unterraum von $\ell^p(\mathbb{R})$.
 (ii) Für $1 < p < \infty$ ist G_p nicht abgeschlossen.
 (iii) Für $p = 1$ ist G_p hingegen abgeschlossen.

Hinweis: G_p ist der Kern einer Abbildung.

Aufgabe 3.5 *Kompakte Teilmengen von ℓ^p*
Sei $1 \leq p < \infty$ und $A \subset \ell^p(\mathbb{K})$. Zeigen Sie, dass dann folgende Aussagen äquivalent sind:

 (i) A ist relativkompakt.
 (ii) A ist beschränkt und

$$\lim_{n \to \infty} \sup_{x \in A} \left(\sum_{k=n}^{\infty} |x(k)|^p \right)^{\frac{1}{p}} = 0.$$

Hinweise: Orientieren Sie sich am Beweis des Satzes von Arzelà-Ascoli und führen Sie einen Widerspruchsbeweis.

Aufgabe 3.6 *Reihen in normierten Räumen*
Zeigen Sie, dass X genau dann vollständig ist, wenn jede absolut konvergente Reihe in X konvergiert.
Hinweis: Verwenden Sie dazu, dass eine Cauchy-Folge, die eine konvergente Teilfolge besitzt, selbst konvergiert.

Lineare Operatoren

4

Wir betrachten nun Abbildungen zwischen normierten Räumen, und nutzen auch hier das Zusammenspiel algebraischer und topologischer Eigenschaften aus. Für normierte Räume $(X, \| \cdot \|_X)$ und $(Y, \| \cdot \|_Y)$ interessieren wir uns daher für Abbildungen $T : X \to Y$, die

(i) *linear*, d.h. $T(\lambda x_1 + x_2) = \lambda T(x_1) + T(x_2)$ für $x_1, x_2 \in X$, $\lambda \in \mathbb{K}$, und
(ii) stetig im Sinne von Definition 1.7 sind, d.h. für die $x_n \to x$ impliziert $T x_n \to T x$.

Eine solche Abbildung nennt man auch *stetigen (linearen) Operator;* um die Linearität zu verdeutlichen, schreibt man auch oft $T x := T(x)$. Für $T : X \to Y$ definieren wir analog zur linearen Algebra

(i) den *Kern* $\quad \ker T := T^{-1}(\{0\}) = \{x \in X : T x = 0\} \subset X$;
(ii) das *Bild* $\quad \operatorname{ran} T := T(X) = \{T x : x \in X\} \subset Y$;
(iii) den *Graph* $\operatorname{graph} T := \{(x, T x) : x \in X\} \subset X \times Y$.

Aus der Linearität von T folgt sofort, dass dies Unterräume sind. Ist T stetig, ist $\ker T$ als Urbild der abgeschlossenen Menge $\{0\}$ sogar abgeschlossen. Dies gilt für $\operatorname{ran} T$ (und $\operatorname{graph} T$) dagegen nicht unbedingt, was eine wesentliche Schwierigkeit im Umgang mit Abbildungen zwischen unendlichdimensionalen Vektorräumen darstellt.

Die zusätzliche lineare Struktur erlaubt eine einfachere Charakterisierung der Stetigkeit.

Lemma 4.1 *Für eine lineare Abbildung $T : X \to Y$ zwischen normierten Räumen $(X, \| \cdot \|_X)$ und $(Y, \| \cdot \|_Y)$ sind äquivalent:*

© Springer Nature Switzerland AG 2019
C. Clason, *Einführung in die Funktionalanalysis,* Mathematik Kompakt,
https://doi.org/10.1007/978-3-030-24876-5_4

(i) T ist stetig auf X;

(ii) T ist stetig in $0 \in X$;

(iii) T ist beschränkt, d. h. es gibt eine Konstante $C \geq 0$ mit

$$\|Tx\|_Y \leq C\|x\|_X \quad \text{für alle } x \in X.$$

Beweis *(i)* $\Rightarrow$ *(ii)* ist klar.

(ii) $\Rightarrow$ *(iii):* Nach Definition 1.7 (ii) existiert für $\varepsilon = 1$ ein $\delta > 0$ mit $T(B_\delta(0)) \subset$ $B_1(T(0)) = B_1(0)$. Aus der Definition der abgeschlossenen Kugeln folgt damit

$$\|Tx\|_Y \leq 1 \quad \text{für alle } x \in X \text{ mit } \|x\|_X \leq \delta. \tag{4.1}$$

Für beliebiges $x \in X \setminus \{0\}$ ist nun $\delta \frac{x}{\|x\|_X} \in B_\delta(0)$, und daher kann (4.1) mit Hilfe der Linearität von T und der Homogenität der Norm umgeformt werden zu

$$\|Tx\|_Y \leq \frac{1}{\delta}\|x\|_X,$$

woraus die Behauptung mit $C := \delta^{-1}$ folgt.

(iii) $\Rightarrow$ *(i):* Sei $x \in X$ und $\varepsilon > 0$ gegeben. Wir zeigen, dass $\delta > 0$ mit $T(B_\delta(x)) \subset$ $B_\varepsilon(Tx)$ existiert. Konkret wählen wir $\delta := \frac{\varepsilon}{C}$; dann gilt für alle $z \in B_\delta(x)$

$$\|Tz - Tx\|_Y = \|T(z - x)\|_Y \leq C\|z - x\|_X \leq C\delta = \varepsilon,$$

was zu zeigen war. $\square$

Auf endlichdimensionalen Räumen sind lineare Operatoren automatisch stetig.

Lemma 4.2 *Sind X und Y normierte Räume mit X endlichdimensional und $T : X \to$ Y linear, so ist T stetig.*

Beweis Da X endlichdimensional ist, existiert eine Basis $\{v_1, \ldots, v_n\}$ von X. Für

$$x = \sum_{k=1}^{n} x_k v_k \in X, \quad x_k \in \mathbb{K} \quad \text{für alle } k = 1, \ldots, n,$$

ist dann

$$\|Tx\|_Y \le \sum_{k=1}^{n} |x_k| \|Tv_k\|_Y \le \max_{k=1,\ldots,n} \|Tv_k\|_Y \sum_{k=1}^{n} |x_k| =: M\|x\|_1$$

für $M := \max_{k=1,\ldots,n} \|Tv_k\|_Y < \infty$. Da nach Satz 3.8 alle Normen auf dem endlichdimensionalen Raum X äquivalent sind, existiert ein $C > 0$ mit $\|x\|_1 \le C\|x\|_X$ für alle $x \in X$, woraus die Stetigkeit folgt. □

Die Menge aller stetigen Operatoren von X nach Y wird mit $L(X, Y)$ bezeichnet; dieser Raum wird zu einem Vektorraum, indem wir Operatoren punktweise addieren und skalieren, d. h. $T_1 + \alpha T_2 \in L(X, Y)$ für $T_1, T_2 \in L(X, Y)$ und $\alpha \in \mathbb{K}$ definieren durch $(T_1 + \alpha T_2)x := T_1 x + \alpha T_2 x$ für alle $x \in X$. Es liegt nahe, als Norm eines stetigen Operators die kleinste mögliche Konstante in Lemma 4.3 (iii) zu wählen; wir setzen daher

$$\|T\|_{L(X, Y)} := \sup_{x \in B_X} \|Tx\|_Y. \tag{4.2}$$

Dass diese Definition tatsächlich zu der Motivation passt, besagt das folgende Lemma, dass man durch einfache Abschätzung bzw. geeignete Wahl von $x \in X$ zeigt.

Lemma 4.3 *Für $T \in L(X, Y)$ gelten:*

(i) $\|T\|_{L(X, Y)} = \displaystyle\sup_{x \in X, \|x\|_X < 1} \|Tx\|_Y = \sup_{x \in X, \|x\|_X = 1} \|Tx\|_Y = \sup_{x \in X \setminus \{0\}} \frac{\|Tx\|_Y}{\|x\|_X};$

(ii) $\|T\|_{L(X, Y)} = \inf \{C > 0 : \|Tx\|_Y \le C\|x\|_X \text{ für alle } x \in X\};$

(iii) $\|Tx\|_Y \le \|T\|_{L(X, Y)} \|x\|_X$ *für alle* $x \in X$.

Offensichtlich ist für jeden normierten Raum X die *Identität* $\mathrm{Id}_X : X \to X, x \mapsto x$, ein stetiger Operator mit Operatornorm 1. Weiterhin entspricht die Definition genau der aus der Numerik bekannten induzierten Matrixnorm; das wichtigste Beispiel ist die von der euklidischen Norm (d. h. $X = (\mathbb{R}^n, \|\cdot\|_2)$) induzierte *Spektralnorm*. Die folgenden Beispiele illustrieren die Definition in unendlichdimensionalen Räumen.

Beispiel 4.4

(i) Sei $X = c(\mathbb{K})$ und $T : X \to \mathbb{K}, x = \{x_k\}_{k \in \mathbb{N}} \mapsto \lim_{k \to \infty} x_k$. Aus den Rechenregeln für Grenzwerte folgt sofort die Linearität von T. Für die Stetigkeit betrachten wir

$$|Tx| = \left| \lim_{k \to \infty} x_k \right| = \lim_{k \to \infty} |x_k| \le \sup_{k \in \mathbb{N}} |x_k| = \|x\|_\infty.$$

Da für die konstante Folge $x = \{1\}_{k \in \mathbb{N}}$ gilt $|Tx| = 1 = \|x\|_\infty$, ist $\|T\|_{L(X,\mathbb{K})} = 1$.[1]

(ii) Analog zeigt man, dass für $X = C([0, 1])$ die *Punktauswertung* $T : X \to \mathbb{R}, x \mapsto x(0)$, linear und stetig ist mit Operatornorm $\|T\|_{L(C,\mathbb{R})} = 1$.

(iii) Sei $X = C([a, b])$ und $T : X \to \mathbb{R}, x \mapsto \int_a^b x(t)\,dt$. Dann ist T wieder linear und stetig wegen

$$|Tx| = \left| \int_a^b x(t)\,dt \right| \le (b - a)\|x\|_\infty$$

mit Gleichheit für konstante Funktionen. Also ist $\|T\|_{L(C,\mathbb{R})} = b - a$.

(iv) Sei $X = C^1([0, 1]) := \{f : [0, 1] \to \mathbb{R} : f \text{ stetig differenzierbar}\}$ und $Y = C([0, 1])$, und betrachte den *Ableitungsoperator* $D : X \to Y, x \mapsto x'$, der bekanntermaßen linear ist. Versehen wir $C([0, 1])$ und $C^1([0, 1])$ mit der Supremumsnorm, so ist D nicht stetig, denn für $x_n(t) := t^n$ gilt $\|x_n\|_\infty = 1$, aber $\|Dx_n\|_\infty = \|nt^{n-1}\|_\infty = n$.

Versehen wir $C^1([0, 1])$ dagegen mit der Norm $\|x\|_{C^1} := \|x\|_\infty + \|x'\|_\infty$, so ist D wegen $\|Dx\|_\infty = \|x'\|_\infty \le \|x\|_{C^1}$ stetig mit Norm 1.

Es steht noch aus zu zeigen, dass (4.2) tatsächlich eine Norm definiert.

Satz 4.5 *Das Paar $(L(X, Y), \|\cdot\|_{L(X,Y)})$ ist ein normierter Raum. Ist Y vollständig, dann ist $L(X, Y)$ ein Banachraum.*

Beweis Aus Lemma 4.3 (ii) folgt, dass für einen stetigen Operator gilt $\|T\|_{L(X,Y)} < \infty$. Die Homogenität und Nichtdegeneriertheit folgt aus den entsprechenden Eigenschaften der Norm in Y; letzteres unter Verwendung der Tatsache, dass $T = 0$ genau dann gilt, wenn $Tx = 0$ für alle $x \in X$ gilt. Für die Dreiecksungleichung sei $x \in B_X$ beliebig. Dann gilt nach Lemma 4.3 (iii) für alle $S, T \in L(X, Y)$

$$\|(S + T)x\|_Y = \|Sx + Tx\|_Y \le \|Sx\|_Y + \|Tx\|_Y \le \|S\|_{L(X,Y)} + \|T\|_{L(X,Y)},$$

und Supremum über alle $x \in B_X$ liefert die Aussage.

Für die Vollständigkeit sei $\{T_n\}_{n \in \mathbb{N}}$ eine Cauchy-Folge in $L(X, Y)$. Für alle $x \in X$ ist dann $\{T_n x\}_{n \in \mathbb{N}}$ eine Cauchy-Folge in Y, die nach Annahme gegen ein Element $y_x \in Y$ konvergiert. Dies definiert eine Abbildung $T : X \to Y, x \mapsto y_x$. Dass T linear ist, folgt aus

$$T(\lambda x_1 + x_2) = \lim_{n \to \infty} T_n(\lambda x_1 + x_2) = \lim_{n \to \infty} \lambda T_n x_1 + \lim_{n \to \infty} T_n x_2 = \lambda T(x_1) + T(x_2),$$

wobei wir neben der Linearität von T_n die Stetigkeit der Addition und Skalarmultiplikation (Satz 3.6 (i,ii)) verwendet haben.

---

[1] Wegen $c_0(\mathbb{K}) = \ker T$ liefert die Stetigkeit zusammen mit Folgerung 1.9 übrigens einen wesentlich eleganteren Beweis für die Abgeschlossenheit von $c_0(\mathbb{K})$ in $c(\mathbb{K})$.

Wir zeigen jetzt $\|T\|_{L(X,Y)} < \infty$ (und damit $T \in L(X,Y)$) und $\|T_n - T\|_{L(X,Y)} \to 0$. Da $\{T_n\}_{n \in \mathbb{N}}$ eine Cauchy-Folge ist, finden wir für $\varepsilon > 0$ ein $N \in \mathbb{N}$ mit

$$\|T_n - T_m\|_{L(X,Y)} \leq \varepsilon \qquad \text{für alle } n, m \geq N.$$

Sei nun $x \in B_X$ beliebig. Wegen $T_n x \to Tx$ finden wir ein $M = M(\varepsilon, x) \geq N$ mit

$$\|T_M x - Tx\|_Y \leq \varepsilon.$$

Dann gilt

$$\|T_n x - Tx\|_Y \leq \|T_n x - T_M x\|_Y + \|T_M x - Tx\|_Y \leq \|T_n - T_m\|_{L(X,Y)} + \varepsilon \leq 2\varepsilon.$$

Supremum über alle $x \in B_X$ ergibt nun $\|T_n - T\|_{L(X,Y)} \leq 2\varepsilon$. Daraus folgt einerseits mit Hilfe der Dreiecksungleichung $\|T\|_{L(X,Y)} \leq \|T_n\|_{L(X,Y)} + 2\varepsilon < \infty$, andererseits wegen der Beliebigkeit von ε die Konvergenz $\|T_n - T\|_{L(X,Y)} \to 0$. $\qquad\square$

Wir zeigen noch zwei nützliche Eigenschaften. Zunächst folgt aus Lemma 4.3 (iii) sofort

Folgerung 4.6 *Seien X, Y, Z normierte Räume, $T \in L(X,Y)$ und $S \in L(Y,Z)$. Dann ist $S \circ T \in L(X,Z)$ mit $\|S \circ T\|_{L(X,Z)} \leq \|S\|_{L(Y,Z)} \|T\|_{L(X,Y)}$.*

Der folgende Satz ist hilfreich bei der Konstruktion von stetigen Operatoren mit gewünschten Eigenschaften.

Satz 4.7 *Ist $U \subset X$ ein dichter Unterraum, Y ein Banachraum und $T \in L(U,Y)$, so existiert eine eindeutige stetige Fortsetzung $S \in L(X,Y)$ mit $S|_U = T$ und $\|S\|_{L(X,Y)} = \|T\|_{L(U,Y)}$.*

Beweis Sei $x \in X$. Dann existiert nach Annahme eine Folge $\{x_n\}_{n \in \mathbb{N}} \subset U$ mit $x_n \to x$. Insbesondere ist $\{x_n\}_{n \in \mathbb{N}}$ eine Cauchy-Folge. Wegen

$$\|Tx_n - Tx_m\|_Y \leq \|T\|_{L(U,Y)} \|x_n - x_m\|_X \qquad n, m \in \mathbb{N} \tag{4.3}$$

ist auch $\{Tx_n\}_{n \in \mathbb{N}}$ Cauchy-Folge und konvergiert im Banachraum Y gegen ein $y_x \in Y$. Wie oben zeigt man nun, dass $S : X \to Y, x \mapsto y_x$, einen linearen Operator definiert. Dass dieser eindeutig ist (also nicht von der Wahl der Cauchy-Folge abhängt), sieht man wie folgt: Konvergieren zwei Cauchy-Folgen $\{x_n\}_{n \in \mathbb{N}}$ und $\{\tilde{x}_n\}_{n \in \mathbb{N}}$ gegen denselben Grenzwert x, so ist die Differenzenfolge $\{x_n - \tilde{x}_n\}_{n \in \mathbb{N}}$ eine Nullfolge, und aus der Abschätzung (4.3) folgt, dass auch $T x_n - T \tilde{x}_n \to 0$ konvergiert.

Aus Lemma 4.3 (iii) für T und $x_n \in U$ wie oben erhalten wir durch Grenzübergang und der Stetigkeit von S und der Norm (Satz 3.6 (iii))

$$\|Sx\|_Y = \lim_{n \to \infty} \|Sx_n\|_Y = \lim_{n \to \infty} \|T x_n\|_Y$$

$$\leq \|T\|_{L(U,Y)} \left(\lim_{n \to \infty} \|x_n\|_X \right) = \|T\|_{L(U,Y)} \|x\|_X \qquad \text{für alle } x \in X,$$

woraus nach Supremum über alle $x \in B_X$ die Abschätzung $\|S\|_{L(X,Y)} \leq \|T\|_{L(U,Y)}$ folgt. Die umgekehrte Abschätzung erhalten wir aus

$$\|T\|_{L(U,Y)} = \sup_{x \in B_U} \|Tx\|_Y = \sup_{x \in B_U} \|Sx\|_Y \leq \sup_{x \in B_X} \|Sx\|_Y = \|S\|_{L(X,Y)},$$

da wegen $B_U \subset B_X$ das Supremum über eine größere Menge gebildet wird. $\square$

Der Beweis ist ein klassisches Beispiel für ein in der Funktionalanalysis häufig angewendetes *Dichtheitsargument:* Um eine Eigenschaft für alle Elemente aus X nachzuweisen, zeigt man, dass sie in einer dichten Teilmenge gilt und durch Grenzübergang erhalten bleibt.

Über stetige Operatoren zwischen zwei normierten Räumen lassen sich viele Eigenschaften von einem Raum auf den anderen übertragen.

Wir erinnern: Ein Operator $T : X \to Y$ heißt *injektiv*, falls $\ker T = \{0\}$, und *surjektiv*, falls $\operatorname{ran} T = Y$. Ein injektiver und surjektiver Operator heißt *bijektiv;* in diesem Fall können wir einen linearen Operator $T^{-1} : Y \to X$ vermittels der eindeutigen Zuordnung $y \mapsto x \in T^{-1}(\{y\})$ definieren, der $T^{-1}T = \operatorname{Id}_X$ und $T T^{-1} = \operatorname{Id}_Y$ erfüllt. Wir nennen T^{-1} *Inverse* und T *invertierbar.* Ist $T^{-1} \in L(Y,X)$ (was nicht automatisch der Fall ist!), so heißt T *stetig invertierbar.* Ein stetig invertierbarer Operator heißt auch *Isomorphismus.* Gilt $\|Tx\|_Y = \|x\|_X$ für alle $x \in X$, so heißt T *Isometrie.*

Wir nennen nun X und Y *isomorph* und schreiben $X \simeq Y$, wenn es einen Isomorphismus $T : X \to Y$ gibt. Analog nennen wir X und Y *isometrisch isomorph* und schreiben $X \cong Y$, wenn ein $T \in L(X,Y)$ existiert, der sowohl Isomorphismus als auch Isometrie ist. Isomorphe Räume sind in gewisser Weise nur unterschiedliche Darstellungen des selben Raumes; für isometrisch isomorphe Räume sind die Darstellungen „uniform". Analog zu Folgerung 3.4 gilt, dass falls X Banachraum und $X \simeq Y$ ist, auch Y ein Banachraum ist.

Sind zwei Normen $\|\cdot\|_1$ und $\|\cdot\|_2$ auf X äquivalent, so ist die Identität $\operatorname{Id}_X : (X, \|\cdot\|_1) \to (X, \|\cdot\|_2)$ ein Isomorphismus. Die Isomorphie von verschiedenen Räumen stellt also eine Verallgemeinerung der Äquivalenz verschiedener Normen auf dem selben Raum dar. Analog zu Satz 3.8 gilt, dass endlichdimensionale Räume stets isomorph sind.

Satz 4.8 *Sind X, Y endlichdimensional mit* $\dim(X) = \dim(Y)$*, so gilt* $X \simeq Y$*.*

Beweis Wir zeigen, dass jeder n-dimensionale normierte Vektorraum $(X, \|\cdot\|)$ isomorph zu $(\mathbb{K}^n, \|\cdot\|_2)$ ist. Sei $\{v_1, \ldots, v_n\}$ eine Basis von X. Dann ist

$$T : X \to \mathbb{K}^n, \qquad x = \sum_{k=1}^{n} x_k v_k \mapsto (x_1, \ldots, x_n)$$

linear und nach Lemma 4.2 stetig, und ebenso die Umkehrabbildung

$$T^{-1} : \mathbb{K}^n \to X, \qquad (x_1, \ldots, x_n) \mapsto \sum_{k=1}^{n} x_k v_k =: x.$$

Da Kompositionen stetiger Abbildungen wieder stetig sind, folgt aus $X \simeq (\mathbb{K}^n, \|\cdot\|) \simeq Y$ die gewünschte Aussage $X \simeq Y$. $\qquad\qquad\square$

Ein weniger offensichtliches Beispiel ist $c(\mathbb{K}) \simeq c_0(\mathbb{K})$, vermöge der Abbildung

$$T : c(\mathbb{K}) \to c_0(\mathbb{K}), \quad (x_1, x_2, x_3, \ldots) \mapsto \left(\lim_{k\to\infty} x_k, x_1 - \lim_{k\to\infty} x_k, x_2 - \lim_{k\to\infty} x_k, \ldots \right).$$

Eine unterschiedliche Verallgemeinerung der Normäquivalenz ist möglich für normierte Räume X, Y mit $X \subset Y$. In diesem Fall heißt X *stetig eingebettet* in Y, geschrieben $X \hookrightarrow Y$, falls die Identität $\text{Id} : X \to Y$ stetig ist, d.h. ein $C > 0$ existiert mit

$$\|x\|_Y \leq C\|x\|_X \qquad \text{für alle } x \in X.$$

Zum Beispiel gilt $\ell^p(\mathbb{K}) \hookrightarrow \ell^q(\mathbb{K})$ für $1 \leq p \leq q \leq \infty$ und $L^p(\Omega) \hookrightarrow L^q(\Omega)$ für $1 \leq q \leq p < \infty$ (beachte die unterschiedliche Reihenfolge).

Aufgaben

Aufgabe 4.1 *Operatornorm 1 (Lemma 4.3)*
Seien $(X, \|\cdot\|_X)$ und $(Y, \|\cdot\|_Y)$ normierte Räume und $T \in L(X, Y)$. Zeigen Sie:

(i) $\|T\|_{L(X,Y)} = \displaystyle\sup_{x \in X, \|x\|_X < 1} \|Tx\|_Y = \sup_{x \in X, \|x\|_X = 1} \|Tx\|_Y = \sup_{x \in X \setminus \{0\}} \frac{\|Tx\|_Y}{\|x\|_X}$;

(ii) $\|T\|_{L(X,Y)} = \inf \{C > 0 : \|Tx\|_Y \leq C\|x\|_X \text{ für alle } x \in X\}$;

(iii) $\|Tx\|_Y \leq \|T\|_{L(X,Y)} \|x\|_X$ für alle $x \in X$.

Aufgabe 4.2 *Operatornorm 2*
Seien X und Y normierte Räume und $T \in L(X, Y)$ ein stetiger linearer Operator. Zeigen oder widerlegen Sie: Es existiert ein $x \in X$ mit $\|Tx\|_Y = \|T\|_{L(X, Y)}\|x\|_X$.

Aufgabe 4.3 *Bild von Operatoren*
Sei für $a, b \in \mathbb{R}$ mit $a < b$ die Abbildung $T : C([a, b]) \to C([a, b])$ definiert durch

$$(Tx)(t) = tx(t) \quad \text{für alle } t \in [a, b].$$

 (i) Zeigen Sie, dass T ist ein stetiger linearer Operator ist.
 (ii) Bestimmen Sie $\|T\|_{L(C([a,b]),C([a,b]))}$.
(iii) Zeigen oder widerlegen Sie: Das Bild von T ist abgeschlossen.

Aufgabe 4.4 *Isomorphie und Separabilität*
Sei X ein separabler normierter Raum und $Y \cong X$. Zeigen Sie, dass dann auch Y separabel ist.

Aufgabe 4.5 *Isomorphismen*
Zeigen Sie, dass

$$T : c(\mathbb{K}) \to c_0(\mathbb{K}), \quad (x_1, x_2, x_3, \dots) \mapsto \left(\lim_{k\to\infty} x_k, x_1 - \lim_{k\to\infty}, x_2 - \lim_{k\to\infty} x_k, \dots \right)$$

stetig invertierbar ist, d. h. dass $c(\mathbb{K})$ und $c_0(\mathbb{K})$ isomorph sind.

Aufgabe 4.6 *Abschluss und Urbild konvexer Mengen*
Seien X und Y normierte Vektorräume, $A \subset Y$ konvex und $T \in L(X, Y)$. Zeigen Sie:

 (i) cl A ist konvex.
 (ii) $T^{-1}(A)$ ist konvex.

Aufgabe 4.7 *Einbettung der ℓ^p-Räume*
Zeigen Sie, dass für alle $1 \le p \le q \le \infty$ gilt $\ell^p(\mathbb{R}) \hookrightarrow \ell^q(\mathbb{R})$.
Hinweis: Betrachten Sie zuerst den Fall $\|x\|_p = 1$.

Das Prinzip der gleichmäßigen Beschränktheit

5

Wir kommen nun zu einem Herzstück der Funktionalanalysis: aus der Vollständigkeit von Banachräumen folgt, dass bestimmte punktweise Eigenschaften von linearen Operatoren *gleichmäßig* gelten. Als Konsequenz erhalten wir in diesem Kapitel einige der Hauptsätze über lineare Operatoren; weitere wichtige Folgerungen werden in Teil III auftauchen.

Da die Vollständigkeit eine metrische Eigenschaft ist, beruhen alle diese Sätze auf einer abstrakten Eigenschaft vollständiger metrischer Räume, die als *Satz von Baire* bekannt ist.[1] Es gibt mehrere äquivalente Varianten; wir benötigen hier die folgende.

Satz 5.1 (Baire) *Sei X ein vollständiger metrischer Raum und $\{A_n\}_{n\in\mathbb{N}}$ eine Folge von abgeschlossenen Teilmengen $A_n \subset X$. Enthält $A := \bigcup_{n\in\mathbb{N}} A_n$ einen inneren Punkt, so existiert ein $j \in \mathbb{N}$, so dass A_j einen inneren Punkt enthält.*

Beweis Wir führen einen Widerspruchsbeweis. Angenommen, A enthält einen inneren Punkt, aber keines der A_n. Ersteres bedeutet, dass A eine offene Kugel $U_0 := U_{\varepsilon_0}(x_0)$ enthält; aus letzterem folgt $(X \setminus A_n) \cap U_\varepsilon(x) \neq \emptyset$ für alle $n \in \mathbb{N}$, $\varepsilon > 0$ und $x \in X$ (sonst würde ein A_n eine offene Kugel und damit innere Punkte enthalten).

Wir definieren nun induktiv eine Folge $\{B_{\varepsilon_n}(x_n)\}_{n\in\mathbb{N}}$ von geschachtelten abgeschlossenen Kugeln mit $\varepsilon_n < \frac{1}{n}$ wie folgt: Für $n = 1$ wählen wir $\varepsilon_1 < \min\{1, \varepsilon_0/2\}$ und $x_1 := x_0$. Haben wir x_n und ε_n gefunden, so wählen wir $\varepsilon_{n+1} < \frac{1}{n}$ und $x_{n+1} \in X$ so, dass

$$B_{\varepsilon_{n+1}}(x_{n+1}) \subset (X \setminus A_{n+1}) \cap U_{\varepsilon_n}(x_n).$$

---

[1] Er wird in der Literatur auch als *Bairescher Kategoriensatz* bezeichnet; dieser Name basiert auf einer historischen Terminologie, die hier aber nicht relevant ist.

© Springer Nature Switzerland AG 2019
C. Clason, *Einführung in die Funktionalanalysis,* Mathematik Kompakt,
https://doi.org/10.1007/978-3-030-24876-5_5

Dies ist möglich, da die Menge auf der rechten Seite nach Voraussetzung offen und nichtleer ist. Nach Konstruktion ist dann

$$U_{\varepsilon_{n+1}}(x_{n+1}) \subset B_{\varepsilon_{n+1}}(x_{n+1}) \subset U_{\varepsilon_n}(x_n) \subset B_{\varepsilon_n}(x_n).$$

Die Folge $\{x_n\}_{n\in\mathbb{N}}$ erfüllt also $x_m \in U_{\varepsilon_n}(x_n)$ für alle $m \geq n$ und ist daher wegen $\varepsilon_n \to 0$ eine Cauchy-Folge, die aufgrund der Vollständigkeit von X einen Grenzwert $x \in X$ besitzt. Wegen $x_n \in B_{\varepsilon_k}(x_k)$ für alle $k \leq n$ gilt auch $x \in B_{\varepsilon_k}(x_k)$ für alle $k \in \mathbb{N}$ (gerade dafür haben wir abgeschlossene Kugeln für die Konstruktion gewählt). Damit gilt einerseits

$$x \in \bigcap_{k\in\mathbb{N}} B_{\varepsilon_k}(x_k) \subset \bigcap_{k\in\mathbb{N}}(X \setminus A_k) = X \setminus \left(\bigcup_{k\in\mathbb{N}} A_k\right) = X \setminus A$$

und damit $x \notin A$, andererseits $x \in B_{\varepsilon_1}(x_1) \subset U_0 \subset A$, womit wir den gewünschten Widerspruch erhalten. $\square$

Der Satz von Baire garantiert nun eine besondere Verträglichkeit von algebraischer und topologischer Struktur in normierten Räumen. Dazu definieren wir für eine Teilmenge A eines Vektorraums X das *algebraische Innere*

core $A := \{x \in A : $ für alle $h \in X$ existiert $\delta > 0$ mit $x + th \in A$ für alle $t \in [0, \delta]\}$.

Für alle $x \in$ core A kann man also in alle Richtungen zumindest eine kleine Strecke gehen, ohne A zu verlassen. Wir nennen weiterhin A *konvex*, falls für alle $x, y \in A$ und $t \in [0, 1]$ auch $tx + (1 - t)y \in A$ gilt. Eine konvexe Menge enthält also sämtliche Strecken zwischen zwei Punkten.

> **Lemma 5.2 (core–int)** *Sei X ein Banachraum und $A \subset X$ abgeschlossen und konvex. Dann gilt* core $A =$ int A.

Beweis Die Inklusion int $A \subset$ core A folgt sofort aus der Definition von inneren Punkten in normierten Räumen: Ist $x \in A$ innerer Punkt, so existiert ein $U_\varepsilon(x) \subset A$, und für alle $h \in X$ und $t < \varepsilon \|h\|_X^{-1} =: \delta$ ist dann $x + th \in U_\varepsilon(x) \subset A$.

Sei umgekehrt $x \in$ core A gegeben; wir nehmen der Einfachheit halber $x = 0$ an. (Der allgemeine Fall folgt daraus durch die Translationsinvarianz der Definitionen von core und int.) Nach Voraussetzung existiert dann für jedes $h \in X$ ein $t > 0$ klein genug mit $th \in A$, d.h. es gilt $h \in t^{-1}A$ für $t > 0$ klein genug. Also können wir X darstellen als $X = \bigcup_{n\in\mathbb{N}}(nA)$. Offensichtlich ist core $X = X$, und nach dem Satz 5.1 von Baire ist daher int $(nA) \neq \emptyset$ für ein $n \in \mathbb{N}$, was nur möglich ist, falls int $A \neq \emptyset$.

Bleibt zu zeigen, dass $0 \in \text{int } A$ liegt. Sei dazu $x \in A$ ein innerer Punkt, d. h. $U_\varepsilon(x) \subset A$ für ein $\varepsilon > 0$. Wegen $0 \in \text{core } A$ existiert für $h = -x$ ein $\delta > 0$ mit $-\delta x \in A$. Dann ist $U_r(0) \subset A$ für $r = \frac{\delta\varepsilon}{1+\delta}$, denn aus der Konvexität von A folgt, dass mit $y \in U_\varepsilon(x) \subset A$ und $-\delta x \in A$ für $t = \frac{1}{1+\delta} < 1$ auch

$$z := t(-\delta x) + (1-t)y = \frac{\delta}{1+\delta}(y - x) \in A$$

liegt. Wegen $\|y - x\|_X \leq \varepsilon$ folgt daraus $z \in U_r(0)$, und alle Elemente in $U_r(0)$ lassen sich auf diese Weise erzeugen. Damit enthält A eine offene Kugel um 0, woraus $0 \in \text{int } A$ folgt. $\qquad\square$

Dieses Lemma ist unscheinbar aber dennoch von zentraler Bedeutung, denn es stellt die eingangs versprochene Verknüpfung zwischen algebraischen (core) und topologischen (int) Eigenschaften her. Es garantiert im wesentlichen, dass eine Eigenschaft, die für alle $x \in X$ gilt und bei Grenzwertbildung (und Konvexkombination) erhalten bleibt, *gleichmäßig* für alle $x \in X$ gelten muss. (Natürlich gibt es nichts geschenkt – die Abgeschlossenheit von A ist in der Praxis eine nichttriviale Forderung, die oft genug nicht gilt.)

In der Funktionalanalysis wird dieses *Prinzip der gleichmäßigen Beschränktheit* häufig in der folgenden Form angewendet.

Satz 5.3 (Banach–Steinhaus) *Sei X ein Banachraum und Y ein normierter Vektorraum. Gilt für eine Teilmenge $\mathcal{T} \subset L(X, Y)$*

$$\sup_{T \in \mathcal{T}} \|Tx\|_Y < \infty \qquad \text{für alle } x \in X,$$

so gilt

$$\sup_{T \in \mathcal{T}} \|T\|_{L(X,Y)} < \infty.$$

Beweis Wir wenden das core–int-Lemma 5.2 an auf die Menge

$$A := \left\{ x \in X : \sup_{T \in \mathcal{T}} \|Tx\|_Y \leq 1 \right\}.$$

Wegen $A = \bigcap_{T \in \mathcal{T}} T^{-1}(B_Y)$ und der Stetigkeit von $T \in L(X, Y)$ ist A abgeschlossen. Aus der Linearität von T^{-1} und den Normaxiomen folgt, dass $T^{-1}(B_Y)$ konvex ist; damit ist auch A als Schnitt konvexer Mengen konvex. Schließlich ist nach Voraussetzung $\|Tx\|_Y < \infty$ für alle $x \in X$ und $T \in \mathcal{T}$; somit existiert wegen der Linearität von T und der Homogenität der Norm für alle $h \in X$ ein $\delta > 0$ mit $\|T(\delta h)\|_Y \leq 1$ für alle $T \in \mathcal{T}$, woraus $\delta h \in A$ und damit $0 \in \text{core } A$ folgt. Nach dem core–int-Lemma 5.2 ist daher $0 \in \text{int } A$, d. h. es existiert ein $\varepsilon > 0$ mit $U_\varepsilon(0) \subset A$. Dies bedeutet aber, dass aus $\|x\|_X < \varepsilon$ stets $\|Tx\|_Y \leq 1$ folgt. Nach Definition der Operatornorm gilt daher

$$\sup_{T \in \mathcal{T}} \|T\|_{L(X,Y)} \leq \frac{1}{\varepsilon} < \infty. \qquad \square$$

Daraus folgt ein sehr nützliches Resultat: Bereits der *punktweise* Grenzwert einer Folge stetiger Operatoren ist stetig.

Folgerung 5.4 *Seien X ein Banachraum, Y ein normierter Raum, und $\{T_n\}_{n \in \mathbb{N}} \subset L(X, Y)$. Existiert für alle $x \in X$ der Grenzwert $Tx := \lim_{n \to \infty} T_n x \in Y$, so wird durch $x \mapsto Tx$ ein $T \in L(X, Y)$ definiert.*

Beweis Die Linearität von T zeigt man wie im Beweis von Satz 4.5; bleibt die Stetigkeit. Aus der Konvergenz $T_n x \to Tx \in Y$ für alle $x \in X$ folgt direkt, dass die Folge $\{T_n x\}_{n \in \mathbb{N}}$ in Y beschränkt ist, d. h. $\sup_{n \in \mathbb{N}} \|T_n x\|_Y < \infty$. Der Satz 5.3 von Banach–Steinhaus liefert dann $\sup_{n \in \mathbb{N}} \|T_n\|_{L(X,Y)} < \infty$, und aus der Stetigkeit der Norm (Satz 3.6 (iii)) folgt

$$\|Tx\|_Y = \lim_{n \in \mathbb{N}} \|T_n x\|_Y \leq \sup_{n \in \mathbb{N}} \|T_n x\|_Y \leq \sup_{n \in \mathbb{N}} \|T_n\|_{L(X,Y)} \|x\|_X \qquad \text{für alle } x \in X.$$

Also ist T beschränkt und daher stetig. $\qquad \square$

Aus dem Prinzip der gleichmäßigen Beschränktheit folgen auch drei Hauptsätze über stetige Operatoren: die Sätze von der offenen Abbildung, der stetigen Inversen und dem abgeschlossenen Graphen. Dabei sind diese Sätze äquivalent: Man kann aus jedem jeweils die anderen direkt herleiten. Welchen man also aus dem Prinzip der gleichmäßigen Beschränktheit ableitet, ist Geschmackssache; üblicherweise beginnt man mit dem Satz von der offenen Abbildung.

Dafür nennen wir eine Abbildung $f : X \to Y$ zwischen zwei metrischen Räumen X und Y *offen*, wenn für alle offene Mengen $U \subset X$ auch $f(U) \subset Y$ offen ist. Der Satz von der offenen Abbildung sagt nun, dass ein stetiger linearer Operator zwischen Banachräumen genau dann offen ist, wenn er surjektiv ist. Wir bezeichnen hier mit U_X und U_Y die *offenen* Einheitskugeln in X bzw. Y.

Satz 5.5 (von der offenen Abbildung) *Seien X, Y Banachräume und $T \in L(X, Y)$. Dann sind äquivalent:*

(i) *T ist offen;*

(ii) *Es gibt ein $\delta > 0$ mit $\delta U_Y \subset T(U_X)$;*

(iii) *T ist surjektiv.*

Beweis Wir zeigen, dass sowohl (i) und (ii) als auch (ii) und (iii) äquivalent sind.

(i) $\Rightarrow$ (ii) folgt direkt aus der Definition von offenen Mengen und Abbildungen: Da T und U_X offen sind, ist auch $T(U_X)$ offen; also existiert insbesondere eine offene Kugel um $0 = T0 \in T(U_X)$.

(ii) $\Rightarrow$ (i): Sei $U \subset X$ offen und $y \in T(U)$ beliebig. Wir zeigen, dass y ein innerer Punkt ist. Wähle dazu $x \in U$ mit $Tx = y$ sowie $\varepsilon > 0$ mit $U_\varepsilon(x) \subset U$. Mit $\delta > 0$ aus (ii) und der Linearität von T folgt dann

$$U_{\delta\varepsilon}(y) = U_{\delta\varepsilon}(Tx) = Tx + \varepsilon\delta U_Y \subset Tx + \varepsilon T(U_X) = T(U_\varepsilon(x)) \subset T(U),$$

d. h. $y \in \mathrm{int}\, T(U)$, und damit ist $T(U)$ offen.

(ii) $\Rightarrow$ (iii) folgt wiederum aus der Linearität von T: Für $y \in Y$ beliebig ist $\tilde{y} := \frac{\delta}{2}\|y\|_Y^{-1} y \in \delta U_Y$. Nach (ii) existiert also ein $\tilde{x} \in U_X$ mit $T\tilde{x} = \tilde{y}$, d.h. für $x := \frac{2}{\delta}\|y\|_Y \tilde{x}$ gilt $Tx = y$.

(iii) $\Rightarrow$ (ii): Für diese Richtung benötigen wir das Prinzip der gleichmäßigen Beschränktheit. Wir setzen dafür $A := \mathrm{cl}\, T(U_X) \subset Y$. Dann ist A abgeschlossen und konvex (denn mit U_X ist wegen der Linearität auch $T(U_X)$ konvex, und der Abschluss einer konvexen Menge ist auch konvex). Weiterhin existiert für alle $h \in Y$ ein $x \in X$ mit $Tx = h$; für $\delta := \frac{1}{2}\|x\|_X^{-1} > 0$ ist dann $\delta x \in U_X$ und damit $\delta h = T(\delta x) \in A$. Da Y vollständig ist, können wir das core–int-Lemma 5.2 anwenden und erhalten $0 \in \mathrm{core}\, A = \mathrm{int}\, A$. Die Menge A enthält also eine offene Kugel um 0 mit Radius δ für ein $\delta > 0$.

Wir nutzen nun die Vollständigkeit von X, um $\delta U_Y \subset T(U_X)$ zu zeigen (gegebenenfalls für ein kleineres δ). Da wir gerade $\delta U_Y \subset A = \mathrm{cl}\, T(U_X)$ gezeigt haben, existiert für jedes $y \in Y$ mit $\|y\|_Y < \delta$ eine Folge $\{x_n\}_{n\in\mathbb{N}} \in U_X$ mit $Tx_n \to y$. Allerdings können wir daraus noch nicht schließen, dass $\{x_n\}_{n\in\mathbb{N}}$ selber konvergiert. Um das gesuchte Urbild zu erhalten, konstruieren wir daher eine neue Folge $\{\tilde{x}_n\}_{n\in\mathbb{N}} \in U_X$ mit $\tilde{x}_n \to x \in U_X$ und $Tx = y$. Dafür gehen wir wieder induktiv vor. Sei zunächst $y \in \delta U_Y$ gegeben und setze $y_0 := y \in \delta U_Y$. Sei nun $y_n \in \delta U_Y \subset \mathrm{cl}\, T(U_X)$ gegeben. Wir finden dann für $\varepsilon := \frac{\delta}{2} > 0$ ein $x_n \in U_X$ mit $\|y_n - Tx_n\|_Y < \varepsilon$, so dass

$$y_{n+1} := 2(y_n - Tx_n) \in \delta U_Y \subset A.$$

Es folgt

$$2^{-(n+1)} y_{n+1} = 2^{-n} y_n - T(2^{-n} x_n) \qquad \text{für alle } n \in \mathbb{N}.$$

Definieren wir $\tilde{x}_m := \sum_{n=0}^{m} 2^{-n} x_n$ für $m \in \mathbb{N}$ beliebig, so erhalten wir durch Auflösen der letzten Gleichung und Anwenden der Teleskopsumme

$$T\tilde{x}_m = y_0 - 2^{-(m+1)} y_{m+1} \to y_0 = y \quad \text{für } m \to \infty, \tag{5.1}$$

denn $\{y_n\}_{n \in \mathbb{N}} \subset \delta U_Y$ ist beschränkt. Nun gilt wegen $\|x_n\|_X < 1$

$$\sum_{n=0}^{m} 2^{-n} \|x_n\|_X < 2 \quad \text{für alle } m \in \mathbb{N}.$$

Durch Supremum über alle $m \in \mathbb{N}$ folgt, dass die zugehörige Reihe $\sum_{n=0}^{\infty} 2^n x_n$ absolut konvergiert und damit aufgrund der Vollständigkeit von X und Lemma 3.7 gegen ein $x \in X$ konvergiert. Wegen der Abgeschlossenheit der Einheitskugel gilt sogar $x \in 2B_X$, und aus (5.1) folgt $Tx = y \in \delta U_Y$. Durch Skalierung $\delta \mapsto \delta/4$ folgt daraus die Existenz von $x \in \frac{1}{2} B_X \subset U_X$ mit $Tx = y$ für beliebige $y \in \delta U_Y$, d.h. $\delta U_Y \subset T(U_X)$. $\qquad \square$

Beachten Sie, dass nur im letzten Schritt Stetigkeit von T und Vollständigkeit von X und Y benötigt wurde; jede offene lineare Abbildung zwischen normierten Räumen ist also surjektiv. Der letzte Schritt liefert dagegen eine sehr starke Aussage: Existiert für $y \in Y$ (klein genug) ein Urbild, so hat y sogar ein *beschränktes* Urbild! (Da T nicht als injektiv angenommen wurde, müssen das nicht die selben Urbilder sein.) Für lineare Operatoren ist „klein genug" natürlich keine Einschränkung, da wir immer skalieren können. Wir erhalten daraus das folgende zentrale Resultat.

Satz 5.6 (von der stetigen Inversen) *Seien X, Y Banachräume und $T \in L(X, Y)$ bijektiv. Dann ist $T^{-1} \in L(Y, X)$.*

Beweis Ist T bijektiv, dann ist T insbesondere surjektiv und damit nach dem Satz 5.5 von der offenen Abbildung offen. Also gilt für jede offene Menge $U \subset X$, dass $T(U) = (T^{-1})^{-1}(U)$ offen ist, d.h. die Urbilder von offenen Mengen unter T^{-1} sind offen. Damit ist T^{-1} nach Satz 1.8 stetig. $\qquad \square$

Ist T nicht surjektiv, so möchte man zumindest die stetige Invertierbarkeit auf dem Bild erhalten. Das folgende nützliche Resultat zeigt, wann dies möglich ist.

Folgerung 5.7 *Seien X, Y Banachräume und $T \in L(X, Y)$ injektiv. Dann ist $T^{-1} :$ ran $T \to X$ stetig genau dann, wenn* ran T *abgeschlossen ist.*

Beweis Ist ran $T \subset Y$ abgeschlossen, so ist ran T nach Lemma 3.5 ein Banachraum und damit hat nach Satz 5.6 die Einschränkung $T : X \to$ ran X eine stetige Inverse. Ist umgekehrt T^{-1} stetig, so ist T ein Isomorphismus von X nach ran T. Da X vollständig ist, muss daher auch ran T vollständig und damit nach Lemma 3.5 abgeschlossen sein. □

Wieder ist die Forderung der Abgeschlossenheit nichttrivial; tatsächlich stellt die Tatsache, dass ran T nicht abgeschlossen sein muss, eine der wesentlichen Schwierigkeiten der Analysis in unendlichdimensionalen Räumen dar. Zum Beispiel ist in diesem Fall auch für $y \in$ ran T die Gleichung $Tx = y$ nicht stabil lösbar; man spricht dann von einem *schlecht gestellten* Problem. Solche Probleme treten in der medizinischen Bildgebung (z. B. in der Computertomographie) und der Parameteridentifizierung auf; man spricht auch von *inversen Problemen*. Für ihre Lösung werden spezielle *Regularisierungsverfahren* benötigt; siehe etwa [10].

Wir zeigen zuletzt ein zu Lemma 3.5 analoges Resultat für Operatoren. Dafür betrachten wir für $T : X \to Y$ den Graphen graph $T = \{(x, Tx) : x \in X\} \subset X \times Y$, versehen mit der Produktnorm $\|(x, y)\|_{X \times Y} := \|x\|_X + \|y\|_Y$.

Satz 5.8 (vom abgeschlossenen Graphen) *Seien X, Y Banachräume und $T : X \to Y$ linear. Dann ist T stetig genau dann, wenn* graph T *abgeschlossen ist.*

Beweis Ist $\{(x_n, y_n)\}_{n \in \mathbb{N}} \subset$ graph T mit $(x_n, y_n) \to (x, y)$ in $X \times Y$, so gilt insbesondere $x_n \to x$ und $y_n \to y$, und aus der Stetigkeit von T folgt $Tx_n \to Tx$. Ebenso gilt $Tx_n = y_n \to y$, und die Eindeutigkeit des Grenzwertes impliziert dann $Tx = y$, d. h. $(x, y) \in$ graph T.

Man verifiziert leicht, dass für einen linearen Operator graph T ein Unterraum von $X \times Y$ ist. Ist graph T abgeschlossen, dann ist graph T daher nach Lemma 3.5 ein Banachraum. Die Projektionen

$$P_X : X \times Y \to X, \quad (x, y) \mapsto x, \qquad P_Y : X \times Y \to Y, \quad (x, y) \mapsto y,$$

sind daher linear und stetig (durch die Wahl der Produktnorm). Weiterhin ist die Einschränkung von P_X auf graph T bijektiv, hat also nach Satz 5.6 eine stetige Inverse $Q := (P_X|_{\text{graph } T})^{-1} : X \to$ graph T mit $Qx = (x, Tx)$. Nun gilt für alle $x \in X$

$$Tx = P_Y(x, Tx) = P_Y Qx.$$

Also ist $T = P_Y \circ Q$ nach Folgerung 4.6 stetig. □

Um zu zeigen, dass eine lineare Abbildung zwischen Banachräumen stetig ist, reicht es also zu zeigen, dass aus $x_n \to x$ und $Tx_n \to y$ bereits $Tx = y$ folgt. Man darf also bereits verwenden, dass Tx_n konvergiert, was beim Nachweis der Definition der Stetigkeit mit zu zeigen ist. Für allgemeine (nichtlineare) Abbildungen ist dies eine schwächere Eigenschaft, die aber in vielen Fällen einen ausreichenden Ersatz für die Stetigkeit darstellt. Solche Abbildungen nennt man *abgeschlossen*.

Aufgaben

Aufgabe 5.1   *Gegenbeispiele für* core–int-*Lemma*
Zeigen Sie jeweils durch ein Gegenbeispiel, dass die Aussage von Lemma 5.2 nicht mehr gilt, wenn eine der Voraussetzungen fallen gelassen wird:

  (i) A konvex;
 (ii) A abgeschlossen;
(iii) X vollständig.

Hinweis: Betrachten Sie für (iii) $X = c_e(\mathbb{R})$ und die Menge

$$A = \left\{ x \in c_e(\mathbb{R}) : x_k \leq k^{-1} \text{für alle } k \in \mathbb{N} \right\}.$$

Aufgabe 5.2   *Banach–Steinhaus ohne Banach?*
Zeigen Sie durch ein Gegenbeispiel, dass die Aussage des Satzes von Banach–Steinhaus nicht mehr gilt, wenn X kein Banachraum ist.

Aufgabe 5.3   *Quadraturformeln als stetige Operatoren*
Wir betrachten das Integral von stetigen Funktionen als linearen Operator

$$Q : C([a, b]) \to \mathbb{R}, \qquad f \mapsto \int_a^b f(x)\, dx.$$

Für die numerische Näherung von Integralen wird Q durch eine Folge von *Quadraturformeln*

$$Q_n : C([a, b]) \to \mathbb{R}, \qquad f \mapsto \sum_{i=0}^{n} w_i^{(n)} f\left(x_i^{(n)} \right)$$

approximiert. (Die $x_i^{(n)} \in [a, b]$ heißen *Stützstellen,* die $w_i^{(n)} \in \mathbb{R}$ *Quadraturgewichte.*)
    Zeigen Sie:

  (i) Die Quadraturformeln Q_n konvergieren genau dann punktweise gegen Q, wenn gilt:
      a) $Q_n(\phi) \to Q(\phi)$ für alle ϕ aus einer dichten Teilmenge von $C[a, b]$;
      b) $\sup_{n \in \mathbb{N}} \sum_{j=1}^{n} |w_j^{(n)}| < \infty$.

(ii) Zeigen Sie, dass für die punktweise Konvergenz von Q_n gegen Q hinreichend ist, dass gilt:

    a) $Q_n(\phi) \to Q(\phi)$ für alle ϕ aus einer dichten Teilmenge von $C[a, b]$;

    b) $Q_n(1) \to Q(1)$;

    c) $w_i^{(n)} \geq 0$ für alle $n \in \mathbb{N}$ und $i \in \mathbb{N} \cup \{0\}$.

Aufgabe 5.4 *offene Abbildungen*

 (i) Zeigen Sie, dass
$$T : \mathbb{R}^2 \to \mathbb{R}, \qquad (x_1, x_2) \mapsto x_1,$$
offen ist

(ii) Ist
$$T : \mathbb{R}^2 \to \mathbb{R}^2, \qquad (x_1, x_2) \mapsto (x_1, 0),$$
offen?

(iii) Zeigen Sie, dass eine offene Abbildung nicht notwendigerweise abgeschlossene Mengen auf abgeschlossene Mengen abbildet.

Aufgabe 5.5 *Methode der sukzessiven Approximation*

Sei X ein Banachraum und $A : X \to X$ ein beschränkter linearer Operator mit $\|A\|_{L(X,X)} < 1$. Zeigen Sie, dass für beliebige $f \in X$ die Folge der
$$\varphi_n := A\varphi_{n-1} + f, \quad n \in \mathbb{N},$$
mit beliebigem Startwert $\varphi_0 \in X$ gegen die eindeutige Lösung φ von
$$\varphi - A\varphi = f$$
konvergiert.

Aufgabe 5.6 *Bilinearformen*

Seien X und Y Banachräume und $B : X \times Y \to \mathbb{K}$ bilinear und partiell stetig, d.h. für alle $x \in X$ ist $y \mapsto B(x, y)$ linear und stetig und für alle $y \in Y$ ist $x \mapsto B(x, y)$ linear und stetig. Zeigen Sie, dass dann B stetig ist.

Quotientenräume

6

Nach dem Hauptsatz der Differential- und Integralrechung besitzt jede stetige Funktion eine Stammfunktion, die bis auf eine Konstante eindeutig ist. Analog ist die Ableitung als linearer Operator „bis auf eine Konstante" injektiv. Ist man nun an dieser Konstante nicht wirklich interessiert oder möchte Aussagen gesammelt für alle Konstanten treffen, dann ist die in diesem Kapitel betrachtete Formalisierung der „Betrachtung bis auf eine Konstante" nützlich. (Wir werden sie insbesondere für den Beweis eines weiteren Hauptsatzes, Satz 9.10 vom abgeschlossenen Bild, benötigen.)

Wir beginnen mit einer allgemeinen Konstruktion[1] und definieren dafür eine *Halbnorm* auf einem Vektorraum X als eine Abbildung $|\cdot| : X \to \mathbb{R}^+$, die die Eigenschaften (ii) und (iii) in Definition 3.1 erfüllt (d.h. $|x| = 0$ für $x \neq 0$ ist erlaubt). Man rechnet leicht nach, dass durch $x \sim y$ falls $|x - y| = 0$ eine Äquivalenzrelation definiert wird. Die zugehörigen Äquivalenzklassen

$$[x] := \{y \in X : x \sim y\}$$

bilden den *Quotientenraum*

$$X/\sim := \{[x] : x \in X\},$$

der mit den Operationen

$$[x] + [y] := [x + y], \quad \lambda[x] := [\lambda x], \quad x, y \in X, \ \lambda \in \mathbb{K},$$

zum Vektorraum wird. Diesen Vektorraum versehen wir nun mit der *Quotientennorm*

$$\|[x]\|_\sim := |x|, \quad [x] \in X/\sim.$$

---

[1] die auch in der Konstruktion der $L^p(\Omega)$-Räume zum Einsatz kommt

© Springer Nature Switzerland AG 2019
C. Clason, *Einführung in die Funktionalanalysis,* Mathematik Kompakt,
https://doi.org/10.1007/978-3-030-24876-5_6

Satz 6.1 *Durch die Quotientennorm wird* $(X/\!\sim, \|\cdot\|_\sim)$ *zu einem normierten Raum. Wird durch* $d(x, y) := |x - y|$ *ein vollständiger metrischer Raum* (X, d) *definiert, so ist* $(X/\!\sim, \|\cdot\|_\sim)$ *ein Banachraum.*

Beweis Wir zeigen zuerst, dass die Quotientennorm als Abbildung wohldefiniert ist. Dafür betrachte $x, y \in X$ mit $[x] = [y]$, d. h. $|x - y| = 0$; aus der Dreiecksungleichung für die Halbnorm folgt dann

$$|x| \le |x - y| + |y| = |y| \le |y - x| + |x| = |x|,$$

d. .h. $\|[x]\|_\sim = |x| = |y| = \|[y]\|_\sim$.

Homogenität und Dreiecksungleichung für $\|\cdot\|_\sim$ folgen aus den entsprechenden Eigenschaften für die Halbnorm. Für die Nichtdegeneriertheit sei $\|[x]\|_\sim = 0$; dann ist nach Definition $|x - 0| = |x| = 0$ und damit $[x] = [0]$. Also ist $(X/\!\sim, \|\cdot\|_\sim))$ ein normierter Vektorraum.

Wir zeigen nun die Vollständigkeit. Sei $\{[x]_n\}_{n \in \mathbb{N}} \subset X/\!\sim$ eine Cauchy-Folge, und wähle $x_n \in X$ mit $[x_n] = [x]_n$ für alle $n \in \mathbb{N}$. Nach Definition der Quotientennorm und den Rechenregeln für Äquivalenzklassen ist dann auch $\{x_n\}_{n \in \mathbb{N}} \subset X$ eine Cauchy-Folge in (X, d) und konvergiert nach Voraussetzung gegen ein $x \in X$ in (X, d). Also folgt

$$\|[x]_n - [x]\|_\sim = \|[x_n - x]\|_\sim = |x_n - x| \to 0,$$

und damit $[x]_n \to [x]$ in $X/\!\sim$. $\square$

Man kann diese Konstruktion auch anders formulieren. Aus den Halbnormeigenschaften folgt direkt, dass $U := \{x \in X : |x| = 0\}$ ein Unterraum von X ist; nach Definition gilt damit $x \sim y$ genau dann, wenn $x - y \in U$ ist. Der Quotientenraum entsteht also durch „Faktorisieren" von X durch U. Wir verallgemeinern dies nun auf beliebige Unterräume. Sei X ein normierter Raum, $U \subset X$ ein Unterraum, und definiere für $x \in X$ den *Abstand* von x zu U,

$$d_U(x) := \inf_{u \in U} \|x - u\|.$$

Es gilt $d_U(x) = 0$ genau dann, wenn $x \in \mathrm{cl}\, U$ liegt. Wir betrachten nun den zu $|x| := d_U(x)$ gehörigen Quotientenraum

$$X/U := \{[x] : x \in X\}, \qquad [x] := \{y \in X : x - y \in U\},$$

versehen mit $\|[x]\|_U := d_U(x)$.

Satz 6.2 *Unter den oben genannten Voraussetzungen ist* $(X/U, \|\cdot\|_U)$ *ein normierter Vektorraum. Ist X ein Banachraum und $U \subset X$ ein abgeschlossener Unterraum, dann ist auch* $(X/U, \|\cdot\|_U)$ *ein Banachraum.*

Beweis Zunächst ist $\|\cdot\|_U$ wohldefiniert, denn aus $[x] = [y]$ folgt $x - y \in U$ und damit $y = x - v$ für ein $v \in U$. Also ist

$$d_U(y) = d_U(x - v) = \inf_{u \in U} \|x - (v + u)\| = \inf_{\tilde{u} \in U} \|x - \tilde{u}\| = d_U(x),$$

da mit u auch $\tilde{u} := v + u$ den ganzen Unterraum durchläuft.

Mit dem selben Argument für $\tilde{u} := \lambda u$ folgt auch die Homogenität. Für die Dreiecksungleichung verwenden wir, dass nach Definition des Infimums für festes $x \in X$ und jedes $\varepsilon > 0$ ein $u_\varepsilon \in U$ existiert mit

$$\|x - u_\varepsilon\| \le \inf_{u \in U} \|x - u\| + \varepsilon = d_U(x) + \varepsilon.$$

Seien nun $x, y \in X$ und $\varepsilon > 0$ beliebig, und wähle für x und y entsprechend u_ε bzw. v_ε. Dann gilt wegen $u_\varepsilon + v_\varepsilon \in U$

$$d_U(x + y) = \inf_{u \in U} \|(x + y) - u\| \le \|(x + y) - (u_\varepsilon + v_\varepsilon)\| \le \|x - u_\varepsilon\| + \|y - v_\varepsilon\|$$

$$\le d_U(x) + d_U(y) + 2\varepsilon.$$

Da $\varepsilon > 0$ beliebig war, folgt $d_U(x + y) \le d_U(x) + d_U(y)$, und damit ist d_U eine Halbnorm auf X.

Wir verwenden nun Satz 6.1 und zeigen, dass für einen Banachraum X der metrische Raum (X, d_U) vollständig ist. Sei dafür $\{x_n\}_{n \in \mathbb{N}}$ eine Cauchy-Folge bezüglich d_U. Zunächst konstruieren wir daraus eine Cauchy-Folge bezüglich der Norm in X wie folgt: Wie oben finden wir zu $x_{n+1} - x_n$ und $\varepsilon := 2^{-n}$ ein $u_n \in U$ mit

$$\|x_{n+1} - x_n - u_n\| \le d_U(x_{n+1} - x_n) + 2^{-n} \qquad \text{für alle } n \in \mathbb{N}$$

und setzen $z_n := x_n - \sum_{i=1}^{n} u_i$. Dann gilt für alle $m = n + p \ge n \in \mathbb{N}$

$$\|z_m - z_n\| = \left\|x_{n+p} - x_n - \sum_{i=n+1}^{p} u_i\right\| \le \sum_{k=0}^{p-1} \|x_{n+k+1} - x_{n+k} - u_{n+k}\|$$

$$\le \sum_{k=0}^{p-1} d_U(x_{n+k+1} - x_{n+k}) + \sum_{k=0}^{p-1} 2^{-n-k}.$$

Für $n \in \mathbb{N}$ groß genug und $p \in \mathbb{N}$ beliebig wird nun der erste Term beliebig klein, da $\{x_n\}_{n \in \mathbb{N}}$ eine Cauchy-Folge bezüglich d_U ist; der zweite Term ist beschränkt durch 2^{-n+1} und wird damit ebenfalls beliebig klein. Also ist $\{z_n\}_{n \in \mathbb{N}}$ eine Cauchy-Folge im vollständigen Raum X und konvergiert daher gegen ein $z \in X$. Wegen $\sum_{i=1}^{n} u_i$ für alle $n \in \mathbb{N}$ folgt daraus aber auch

$$d_U(x_n - z) = \inf_{u \in U} \|x_n - z - u\| \leq \|x_n - z - \textstyle\sum_{i=1}^{n} u_i\| = \|z_n - z\| \to 0,$$

d. h. $\{x_n\}_{n \in \mathbb{N}}$ konvergiert bezüglich d_U und damit ist (X, d_U) vollständig.

Da U abgeschlossen ist, gilt schließlich $U = \operatorname{cl} U = \{x \in X : d_U(x) = 0\}$, und die Behauptung folgt aus Satz 6.1. $\square$

Ein Spezialfall, den wir im weiteren Verlauf öfters benötigen werden, ist $U = \ker T$ für ein $T \in L(X, Y)$. Anschaulich wird uns das erlauben, einen nichtinjektiven Operator „injektiv zu machen".

Lemma 6.3 *Seien X, Y normierte Räume, $T \in L(X, Y)$, und $U \subset \ker T \subset X$ ein abgeschlossener Unterraum. Dann existiert genau ein $S \in L(X/U, Y)$ mit*

(i) $S[x] = Tx$ für alle $x \in X$,
(ii) $\|S\|_{L(X/U, Y)} = \|T\|_{L(X, Y)}$.

Für $U = \ker T$ ist S injektiv.

Beweis Wir definieren
$$S : X/U \to Y, \qquad [x] \mapsto Tx.$$

Der Operator S ist wohldefiniert, da für $y \in [x]$ gilt $y - x \in U \subset \ker T$, d. h. $Ty - Tx = T(y - x) = 0$. Direkt aus der Definition folgt, dass S linear ist und $Tx = S[x]$ für alle $x \in X$ gilt. Weiter ist für alle $x \in X$ und $y \in [x]$

$$\|S[x]\|_Y = \|Tx\|_Y = \|Ty\|_Y \leq \|T\|_{L(X, Y)} \|y\|_X,$$

also folgt mit $y = x - v \in U$

$$\|S[x]\|_Y \leq \inf_{y \in [x]} \|T\|_{L(X, Y)} \|y\|_X = \|T\|_{L(X, Y)} \inf_{v \in U} \|x - v\|_X = \|T\|_{L(X, Y)} \|[x]\|_U$$

und damit $\|S\|_{L(X/U, Y)} \leq \|T\|_{L(X, Y)}$. Insbesondere ist $S \in L(X/U, Y)$. Umgekehrt ist für alle $x \in X$

$$\|Tx\|_Y = \|S[x]\|_{L(X,Y)} \leq \|S\|_{L(X/U,Y)}\|[x]\|_{X/U} = \|S\|_{L(X/U,Y)} \inf_{u \in U} \|x - u\|$$

$$\leq \|S\|_{L(X/U,Y)}\|x\|,$$

d.h. $\|T\|_{X,Y} \leq \|S\|_{L(X/U,Y)}$.

Ist $U = \ker T$ (welcher stets abgeschlossen ist), so folgt aus $0 = S([x]) = Tx$ sofort $x \in \ker T = U$ und damit nach Definition der Äquivalenzklassen $[x] = [0]$. Also ist $\ker S = \{[0]\}$ und damit S injektiv. $\qquad\square$

Aus dem Beweis folgt auch, dass die *Quotientenabbildung*

$$Q : X \to X/U, \qquad x \mapsto [x],$$

linear und stetig ist mit Operatornorm $\|Q\|_{L(X,X/U)} = 1$. Es gilt dann $T = S \circ Q$.

Analog können wir die fehlende Surjektivität durch Einschränkung auf das Bild von T herstellen; für die *stetige* Invertierbarkeit ist natürlich wieder die Abgeschlossenheit des Bildes wesentlich.

Satz 6.4 *Seien X, Y Banachräume und $T \in L(X, Y)$ mit* ran T *abgeschlossen. Dann ist die durch $S \circ Q = T$ definierte Abbildung $S : X/\ker T \to$ ran T ein Isomorphismus, d.h.*

$$X/\ker T \simeq \operatorname{ran} T.$$

Beweis Nach Lemma 6.3 ist $S : X/\ker T \to$ ran $T =$ ran S linear, stetig und (wegen der Einschränkung des Bildraums) bijektiv. Da Y ein Banachraum und ran T nach Voraussetzung abgeschlossener Unterraum ist, ist ran T wegen Lemma 3.5 ebenfalls ein Banachraum. Aus dem Satz 5.6 von der stetigen Inversen folgt dann, dass S^{-1} ebenfalls stetig und damit S ein Isomorphismus ist. $\qquad\square$

Folgerung 6.5 *Seien X, Y Banachräume und $T \in L(X, Y)$ surjektiv. Dann ist $X/\ker T \simeq Y$.*

Aufgaben

Aufgabe 6.1   *Folgen in Quotientenräumen*
Sei X ein normierter Raum und U ein abgeschlossener Unterraum von X. Zeigen Sie, dass für jede konvergente Folge $\{z_n\}_{n\in\mathbb{N}} \subset X/U$ eine konvergente Folge $\{x_n\}_{n\in\mathbb{N}} \subset X$ existiert mit $Qx_n = z_n$ für alle $n \in \mathbb{N}$.

Aufgabe 6.2   *Offene Mengen in Quotientenräumen*
Sei X ein normierter Raum und U ein abgeschlossener Unterraum von X. Zeigen Sie, dass eine Menge $V \subset X/U$ offen ist genau dann, wenn das Urbild $Q^{-1}(V) \subset X$ offen ist.

Aufgabe 6.3   *Stetige Abbildungen in Quotientenräumen*
Sei X ein normierter Raum, U ein abgeschlossener Unterraum von X, und (Y, d) ein metrischer Raum. Zeigen Sie, dass $f : X/U \to Y$ stetig ist genau dann, wenn die Komposition $f \circ Q : X \to Y$ stetig ist.

Aufgabe 6.4   *Quotienten von Folgenräumen*
Sei $X = \ell^\infty(\mathbb{K})$ und $U = c_0(\mathbb{K})$. Zeigen Sie, dass dann gilt

$$d_U(x) = \limsup_{k\to\infty} |x_k|.$$

Teil III
Dualräume und schwache Konvergenz

Lineare Funktionale und Dualräume

7

Wir haben bereits gesehen, dass eine wesentliche Schwierigkeit in unendlichdimensionalen Räumen darin besteht, dass die Konvergenz in der Norm nicht äquivalent zu einer komponentenweisen Konvergenz ist; aus diesem Grund gelten zum Beispiel die nützlichen Folgerungen des Satz 2.5 von Heine–Borel (insbesondere der Satz von Bolzano–Weierstraß, Folgerung 2.6) nicht mehr. Da man diese aber nicht kampflos aufgeben will, suchen wir in diesem Teil einen Konvergenzbegriff, der die komponentenweise Konvergenz auf unendlichdimensionale Räume verallgemeinert.

Die Grundidee ist die folgende: Für einen Vektor $x = (x_1, \ldots, x_n) \in \mathbb{K}^n$ ist die Komponentenabbildung $x \mapsto x_k \in \mathbb{K}$ für ein $1 \le k \le n$ linear (offensichtlich) und stetig (offensichtlich bezüglich $\|\cdot\|_1$ und damit bezüglich jeder Norm nach Satz 3.8). Analog betrachten wir daher für unendlichdimensionale normierte $\mathbb{K}$-Vektorräume X stetige (das ist hier eine zusätzliche Forderung!) lineare Abbildungen von X nach $\mathbb{K}$. Den Raum $X^* := L(X, \mathbb{K})$ nennt man *Dualraum* von X; die Elemente $x^* \in X^*$ heißen *stetige lineare Funktionale*. Da $\mathbb{K}$ vollständig ist, folgt aus Satz 4.5 sofort, dass X^*, versehen mit der Operatornorm

$$\|x^*\|_{X^*} = \sup_{x \in B_X} |x^*(x)|,$$

ein Banachraum ist. Statt $x^*(x)$ schreibt man auch oft

$$\langle x^*, x \rangle_X := x^*(x)$$

um zu betonen, dass die *duale Paarung* $\langle \cdot, \cdot \rangle_X : X^* \times X \to \mathbb{K}$ bilinear ist, d. h.

$$\langle \alpha x_1^* + x_2^*, \beta x_1 + x_2 \rangle_X = \alpha \beta \langle x_1^*, x_1 \rangle_X + \alpha \langle x_1^*, x_2 \rangle_X + \beta \langle x_2^*, x_1 \rangle + \langle x_2^*, x_2 \rangle_X$$

© Springer Nature Switzerland AG 2019
C. Clason, *Einführung in die Funktionalanalysis,* Mathematik Kompakt,
https://doi.org/10.1007/978-3-030-24876-5_7

für alle $x_1^*, x_2^* \in X$, $x_1, x_2 \in X$ und $\alpha, \beta \in \mathbb{K}$ gilt (selbst im Fall $\mathbb{K} = \mathbb{C}$!) Wir erinnern, dass nach Lemma 4.3 (iii) gilt

$$|\langle x^*, x \rangle_X| \leq \|x^*\|_{X^*} \|x\|_X \quad \text{für alle } x^* \in X^*, \ x \in X.$$

Offensichtlich ist ein Vektor $x \in \mathbb{K}^n$ eindeutig durch seine Komponenten bestimmt; die stetigen linearen Funktionale charakterisieren also in gewisser Weise den Raum $\mathbb{K}^n$ vollständig. Die Frage ist nun, ob unendlichdimensionale normierte Räume durch ihren Dualraum auf ähnliche Weise charakterisiert werden (insbesondere, ob der entsprechende – noch zu definierende – Konvergenzbegriff aussagekräftig ist). Die Antwort ist nicht offensichtlich und benötigt einen weiteren Hauptsatz der Funktionalanalysis, den wir im nächsten Kapitel beweisen werden.

Funktionale sind durch ihre Wirkung auf Elemente von X festgelegt und können in der Regel nicht explizit (d. h. ohne Bezug auf ein $x \in X$) angegeben werden. Für einige typische Räume ist aber eine konkretere Darstellung möglich. Dafür zeigt man üblicherweise, dass der Dualraum (isometrisch) isomorph zu einem bereits bekannten Banachraum ist. Zum Beispiel ist aus der linearen Algebra bekannt, dass der algebraische Dualraum (d. h. der Vektorraum aller – nicht notwendigerweise stetigen – linearen Funktionale) von $\mathbb{K}^n$ wieder die Dimension n hat. Da nach Satz 4.8 alle endlichdimensionalen Räume gleicher Dimension isomorph sind, ist $(\mathbb{K}^n)^* \simeq \mathbb{K}^n$ (unabhängig von der gewählten Norm); einen isometrischen Isomorphismus erhalten wir als Nebeneffekt des nächsten Beispiels.

In unendlichdimensionalen Räumen ist die Angelegenheit natürlich komplizierter. Wir betrachten als erstes Beispiel wieder die Folgenräume $\ell^p(\mathbb{K})$ und $c_0(\mathbb{K})$.

Satz 7.1 *Sei $1 \leq p < \infty$ und q mit $\frac{1}{p} + \frac{1}{q} = 1$ (wobei $\frac{1}{\infty} := 0$). Dann ist die Abbildung*

$$T : \ell^q(\mathbb{K}) \to \ell^p(\mathbb{K})^*, \quad \langle Tx, y \rangle_{\ell^p} = \sum_{k=1}^{\infty} x_k y_k, \tag{7.1}$$

ein isometrischer Isomorphismus.
Die selbe Abbildungsvorschrift vermittelt einen isometrischen Isomorphismus $\ell^1(\mathbb{K}) \cong c_0(\mathbb{K})^*$.

Beweis Wir zeigen zunächst, dass T einen stetigen linearen Operator definiert. Sei dafür $x \in \ell^q(\mathbb{K})$ und $y \in \ell^p(\mathbb{K})$. Für $1 < p < \infty$ folgt aus der Hölderschen Ungleichung

$$\sum_{k=1}^{N} |x_k||y_k| \leq \left(\sum_{k=1}^{N} |x_k|^q \right)^{\frac{1}{q}} \left(\sum_{k=1}^{N} |y_k|^p \right)^{\frac{1}{p}} \leq \|x\|_q \|y\|_p \quad \text{für alle } N \in \mathbb{N}.$$

Für $p = 1$ und $q = \infty$ folgt diese Ungleichung direkt aus der Definition der Supremums-norm. Also ist die Reihe $\sum_{k=1}^{\infty} x_k y_k$ absolut konvergent und

$$|\langle Tx, y \rangle_{\ell^p}| \leq \sum_{k=1}^{\infty} |x_k y_k| \leq \|x\|_q \|y\|_p.$$

Für festes $x \in \ell^q(\mathbb{K})$ ist also $Tx \in L(\ell^p(\mathbb{K}), \mathbb{K}) = \ell^p(\mathbb{K})^*$ mit

$$\|Tx\|_{\ell^p(\mathbb{K})^*} \leq \|x\|_q \tag{7.2}$$

definiert. Insbesondere ist $\|Tx\|_{\ell^p(\mathbb{K})^*}$ endlich und damit T als Operator von $\ell^q(\mathbb{K})$ nach $\ell^p(\mathbb{K})^*$ wohldefiniert. Aus der Abbildungsvorschrift (7.1) folgt, dass T linear ist, und aus (7.2), dass T stetig ist.

Nun zur Bijektivität. Dafür verwenden wir die *Einheitsvektoren* $e_k \in \ell^p(\mathbb{K})$ (für $1 \leq p \leq \infty$ beliebig)

$$[e_k]_j = \begin{cases} 1 & \text{falls } k = j, \\ 0 & \text{sonst.} \end{cases}$$

Man sieht leicht, dass $\|e_k\|_p = 1$ für alle $1 \leq p \leq \infty$, was den Namen erklärt. Gilt nun $Tx = 0 \in \ell^p(\mathbb{K})^*$, so auch $0 = \langle Tx, e_k \rangle_{\ell^p} = x_k$ für alle $n \in \mathbb{N}$ und damit $x = 0$. Also ist T injektiv.

Für die Surjektivität sei $y^* \in \ell^p(\mathbb{K})^*$ gegeben; wir müssen nun ein $x \in \ell^q(\mathbb{K})$ finden mit $Tx = y^*$. Dafür gehen wir schrittweise vor, indem wir die Wirkung von Tx und y^* auf gegebene Vektoren vergleichen. Zunächst gilt für die Einheitsvektoren $\langle Tx, e_k \rangle_{\ell^p} = x_k$, weshalb auch $x_k = \langle y^*, e_k \rangle_{\ell^p}$ für alle $k \in \mathbb{N}$ gelten muss. Damit ist die Kandidaten-Folge $x = \{x_k\}_{k \in \mathbb{N}}$ eindeutig festgelegt; es bleibt zu zeigen, dass $x_k \in \ell^q(\mathbb{K})$ gilt. Dafür betrachte eine endliche Folge $y \in c_e(\mathbb{K})$, d.h. $y = \sum_{k=1}^{N} y_k e_k$ für ein $N \in \mathbb{N}$ und $y_k \in \mathbb{K}$, $1 \leq k \leq N$. Dann gilt wegen der Linearität von y^*

$$\langle y^*, y \rangle_{\ell^p} = \langle y^*, \sum_{k=1}^{N} y_k e_k \rangle_{\ell^p} = \sum_{k=1}^{N} y_k \langle y^*, e_k \rangle_{\ell^p} = \sum_{k=1}^{N} y_k x_k. \tag{7.3}$$

Für $p = 1$ und $q = \infty$ folgt aus $x_k = \langle y^*, e_k \rangle_{\ell^1}$ sofort

$$\|x\|_{\infty} = \sup_{k \in \mathbb{N}} |x_k| = \sup_{k \in \mathbb{N}} |\langle y^*, e_k \rangle_{\ell^1}| \leq \sup_{y \in B_{\ell^1}} |\langle y^*, y \rangle_{\ell^1}| = \|y^*\|_{\ell^1(\mathbb{K})^*} \tag{7.4}$$

wegen $\|e_k\|_1 = 1$, und damit $x \in \ell^{\infty}(\mathbb{K})$. Für $1 < p < \infty$ wählen wir konkret eine Folge $y \in c_e(\mathbb{K})$ durch

$$y_k := \begin{cases} |x_k|^{q-1} \sigma_k & \text{für } k \leq N, \\ 0 & \text{sonst,} \end{cases}$$

mit $\sigma_k x_k = |x_k|$ und $|\sigma_k| = 1$, so dass für alle $1 \leq k \leq N$ gilt

$$x_k y_k = |x_k|^q = |x_k|^{p(q-1)} = |y_k|^p.$$

Daraus folgt

$$\sum_{k=1}^{N} |x_k|^q = \sum_{k=1}^{N} x_k y_k = \langle y^*, y \rangle_{\ell^p} \leq \|y^*\|_{\ell^p(\mathbb{K})^*} \|y\|_p = \|y^*\|_{\ell^p(\mathbb{K})^*} \left(\sum_{k=1}^{N} |x_k|^q \right)^{\frac{1}{p}},$$

und durch Division durch den zweiten Term auf der rechten Seite und Verwenden von $1 - \frac{1}{p} = \frac{1}{q}$ erhalten wir

$$\left(\sum_{k=1}^{N} |x_k|^q \right)^{\frac{1}{p}} \leq \|y^*\|_{\ell^p(\mathbb{K})^*}.$$

Grenzübergang $N \to \infty$ liefert nun

$$\|x\|_q \leq \|y^*\|_{\ell^p(\mathbb{K})^*} \tag{7.5}$$

und damit $x \in \ell^q(\mathbb{K})$. Also ist T surjektiv und damit bijektiv. Da $\ell^p(\mathbb{K})$ für $1 \leq p \leq \infty$ ein Banachraum ist, ist T nach dem Satz 5.6 von der stetigen Inversen sogar stetig invertierbar.

Bleibt zu zeigen, dass $\langle Tx, y \rangle_{\ell^p} = \langle y^*, y \rangle_{\ell^p}$ für alle $y \in \ell^p(\mathbb{K})$ gilt. Vergleich von (7.3) mit (7.1) ergibt $\langle Tx, y \rangle_{\ell^p} = \langle y^*, y \rangle_{\ell^p}$ für alle $y \in c_e(\mathbb{K})$. Da $c_e(\mathbb{K})$ ein dichter Unterraum von ℓ^p für $1 \leq p < \infty$ ist (siehe Satz 3.15), folgt mit Satz 4.7 auch $Tx = y^*$ (sonst wären T und y^* zwei unterschiedliche Fortsetzungen von $y^*|_{c_e}$, im Widerspruch zur Eindeutigkeit der Fortsetzung). Aus (7.2) und (7.4) bzw. (7.5) folgt dann

$$\|Tx\|_{\ell^p(\mathbb{K})^*} \leq \|x\|_q \leq \|y^*\|_{\ell^p(\mathbb{K})^*} = \|Tx\|_{\ell^p(\mathbb{K})^*}.$$

Also ist T ein isometrischer Isomorphismus.

Analog zeigt man (mit Hilfe der Wahl $y_k = \sigma_k$), dass $\ell^1(\mathbb{K}) \cong c_0(\mathbb{K})^*$ ist.   □

Der obige Beweis (ohne Grenzübergang) zeigt auch die Isometrie $(\mathbb{R}^N, \|\cdot\|_p) \cong (\mathbb{R}^N, \|\cdot\|_q)^*$, da in diesem Fall stets $x \in \mathbb{R}^N$ unabhängig von der gewählten Norm gilt. Dagegen funktioniert der Beweis für $\ell^p(\mathbb{K})$ mit $p = \infty$ nicht (denn hier ist $c_e(\mathbb{K})$ *nicht* dicht!) Tatsächlich kann man zeigen, dass $\ell^\infty(\mathbb{K})^*$ strikt größer als $\ell^1(\mathbb{K})$ ist, siehe Aufgabe 8.6.

Mit einer ähnlichen Konstruktion sowie dem Einsatz von Resultaten aus der Maßtheorie zeigt man den folgenden Darstellungssatz; für den (technischen) Beweis sei auf die Literatur verwiesen, z. B. auf [5, Satz 13.4].

Satz 7.2 *Sei $1 \leq p < \infty$ und q mit $\frac{1}{p} + \frac{1}{q} = 1$ (wobei $\frac{1}{\infty} := 0$). Dann ist die Abbildung*

$$T : L^q(\Omega) \to L^p(\Omega)^*, \qquad \langle Tf, g \rangle_{L^p} = \int_\Omega f(t)g(t)\, dt,$$

ein isometrischer Isomorphismus.

Wieder gilt, dass $L^\infty(\Omega)^*$ strikt größer als $L^1(\Omega)$ ist.[1]

Zum Abschluss betrachten wir noch den Dualraum von Quotientenräumen. Dafür benötigen wir etwas Notation. Für einen normierten Vektorraum X und Teilmengen $A \subset X$ sowie $B \subset X^*$ definieren wir die *Annihilatoren*

$$A^\perp := \left\{ x^* \in X^* : \langle x^*, x \rangle_X = 0 \quad \text{für alle } x \in A \right\},$$
$$B_\perp := \left\{ x \in X : \quad \langle x^*, x \rangle_X = 0 \quad \text{für alle } x^* \in B \right\}.$$

Dies sind stets abgeschlossene Unterräume von X^* bzw. X, denn für jede Folge $\{x_n^*\}_{n\in\mathbb{N}} \subset A^\perp$ mit $x_n^* \to x^* \in X^*$ gilt für beliebiges $x \in A$

$$|\langle x^*, x \rangle_X| = |\langle x^* - x_n^*, x \rangle_X| \leq \|x_n^* - x^*\|_{X^*} \|x\|_X \to 0$$

und damit $x^* \in A^\perp$ (und analog für $B_\perp$). Weiterhin ist $X^\perp = \{0\}$ und $\{0\}^\perp = X^*$.

Wir zeigen nun, dass $(X/U)^* \cong U^\perp$ ist.

Satz 7.3 *Sei $U \subset X$ ein abgeschlossener Unterraum. Dann ist die Abbildung*

$$T : (X/U)^* \to U^\perp, \qquad \langle Tu^*, x \rangle_X = \langle u^*, [x] \rangle_{X/U} \quad \text{für alle } x \in X$$

ein isometrischer Isomorphismus.

Beweis Wir zeigen zuerst, dass T wohldefiniert ist. Sei $u^* \in (X/U)^*$ und $x \in U$ beliebig, dann gilt

$$\langle Tu^*, x \rangle_X = \langle u^*, [x] \rangle_{X/U} = \langle u^*, [0] \rangle_{X/U} = 0$$

und damit $Tu^* \in U^\perp$. Analog folgt die Injektivität von T.

---

[1]Ein verwandtes Resultat aus der Maßtheorie ist der Satz von Radon–Riesz, der den Dualraum von $C(\Omega)$ mit dem Raum der regulären Borelmaße identifiziert; siehe z. B. [1, Satz 4.23].

Sei nun $x^* \in U^\perp$ gegeben, und definiere $u^* \in (X/U)^*$ durch $\langle u^*, [x] \rangle_{X/U} = \langle x^*, x \rangle_X$ für alle $x \in X$. Wegen $x^* \in U^\perp$ ist diese Definition unabhängig von der Wahl des Repräsentanten $x \in [x]$, und offensichtlich ist u^* ein lineares Funktional. Bleibt für die Surjektivität zu zeigen, dass u^* stetig ist. Sei dafür $[x] \in X/U$ beliebig. Dann gilt

$$|\langle u^*, [x] \rangle_{X/U}| = |\langle x^*, y \rangle_X| \le \|x^*\|_{X^*} \|y\|_X \qquad \text{für alle } y \in [x],$$

und daher

$$|\langle u^*, [x] \rangle_{X/U}| \le \|x^*\|_{X^*} \inf_{y \in [x]} \|y\|_X = \|x^*\|_{X^*} \inf_{u \in U} \|x - u\|_X = \|x^*\|_X \|[x]\|_{X/U}.$$

Also ist $u^* \in (X/U)^*$, und es gilt $\|u^*\|_{(X/U)^*} \le \|x^*\|_X = \|Tu^*\|_X$. Damit ist T eine bijektive Abbildung zwischen Banachräumen (da $U^\perp \subset X^*$ abgeschlossen ist) und damit stetig invertierbar, d. h. ein Isomorphismus.

Auf der anderen Seite gilt für alle $x \in X$

$$|\langle Tu^*, x \rangle_X| = |\langle u^*, [x] \rangle_{X/U}| \le \|u^*\|_{(X/U)^*} \|[x]\|_{X/U} \le \|u^*\|_{(X/U)^*} \|x\|_X,$$

da die Quotientenabbildung $x \mapsto [x]$ Norm 1 hat. Zusammen folgt $\|u^*\|_{(X/U)^*} = \|Tu^*\|_X$, d. h. T ist eine Isometrie. $\square$

Aufgaben

Aufgabe 7.1 *Normen von Funktionalen*
Berechnen Sie die Operatornorm folgender linearer Funktionale:

(i) $x^* \in \ell^1(\mathbb{R})^*$ mit $\langle x^*, x \rangle_1 := \sum_{k=1}^\infty (1 - \frac{1}{k}) x_k$ für alle $x \in \ell^1(\mathbb{R})$.

(ii) $x^* \in c_0(\mathbb{R})^*$ mit $\langle x^*, x \rangle_{c_0} := \sum_{k=1}^\infty \frac{1}{2^{k-1}} x_k$ für alle $x \in c_0(\mathbb{R})$.

Wird das Supremum in der Definition der Operatornorm jeweils angenommen?

Aufgabe 7.2 *Kern unbeschränkter Funktionale*
Sei X ein normierter Vektorraum und $f : X \to \mathbb{K}$ ein unbeschränktes lineares Funktional. Zeigen Sie, dass dann $\ker f$ dicht in X ist, aber $\ker f \ne X$ gilt.

Aufgabe 7.3 *Der Dualraum von $c_0(\mathbb{K})$*
Zeigen Sie, dass die Abbildung $T : \ell^1(\mathbb{K}) \to c_0(\mathbb{K})^*$,

$$\langle Tx, y \rangle_{c_0} = \sum_{k=1}^\infty x_k y_k,$$

ein isometrischer Isomorphismus ist, d. h. $c_0(\mathbb{K})^* \cong \ell^1(\mathbb{K})$.

Aufgabe 7.4 *Der Dualraum von $c(\mathbb{K})$*

(i) Zeigen Sie, dass die Abbildung $T : \mathbb{K} \times \ell^1(\mathbb{K}) \to c(\mathbb{K})^*$,

$$\langle T(a, x), y \rangle_c = a \lim_{k \to \infty} y_n + \sum_{k=1}^{\infty} x_k y_k$$

ein isometrischer Isomorphismus ist.
Hinweis: Wählen Sie eine geeignete Norm auf $\mathbb{K} \times \ell^1(\mathbb{K})$.

(ii) Folgern Sie daraus, dass die Dualräume von $c(\mathbb{K})$ und $c_0(\mathbb{K})$ isometrisch isomorph sind.

Der Satz von Hahn–Banach

8

Wir kommen nun zu einem zweiten Fundamentalprinzip der Funktionalanalysis, das algebraische und topologische Begriffe verknüpft: Linearität und Stetigkeit sind verträglich in dem Sinn, dass man ein auf einem Unterraum definiertes Funktional derart auf den gesamten Raum fortsetzen kann, dass gleichzeitig Linearität und Beschränktheit erhalten bleiben. Ähnlich wie das Prinzip der gleichmäßigen Beschränktheit beruht auch dieses Prinzip auf einem abstrakten Resultat, diesmal über reellwertige lineare Funktionen (oder äquivalent dazu, wie wir später sehen werden, über konvexe Mengen).

Satz 8.1 (Hahn–Banach) *Sei X ein Vektorraum über $\mathbb{R}$ und $p : X \to \mathbb{R}$ sublinear, d. h.*

(i) $p(\lambda x) = \lambda p(x)$ *für alle $x \in X$ und $\lambda \geq 0 \in \mathbb{R}$;*
(ii) $p(x + y) \leq p(x) + p(y)$ *für alle $x, y \in X$.*

Sei weiterhin $U \subset X$ ein Unterraum und $f_0 : U \to \mathbb{R}$ linear mit $f_0(x) \leq p(x)$ für alle $x \in U$. Dann existiert eine lineare Fortsetzung $f : X \to \mathbb{R}$ mit

(i) $f(x) = f_0(x)$ *für alle $x \in U$,*
(ii) $f(x) \leq p(x)$ *für alle $x \in X$.*

Beweis Der Beweis verläuft in zwei Schritten. Zunächst zeigen wir induktiv, dass f_0 auf einen Unterraum mit um eins größerer Dimension wie gewünscht erweitert werden kann.

© Springer Nature Switzerland AG 2019
C. Clason, *Einführung in die Funktionalanalysis,* Mathematik Kompakt,
https://doi.org/10.1007/978-3-030-24876-5_8

Im zweiten Schritt zeigen wir, dass dieser Prozess auch für unendlichdimensionale Räume zum Abschluss kommt.

Seien dafür U und f_0 wie vorausgesetzt gegeben. Wir wählen $x_1 \in X \setminus U$ und erweitern f_0 von U auf

$$U_1 := \{x + \lambda x_1 : x \in U, \lambda \in \mathbb{R}\}$$

durch $f_1(x + \lambda x_1) := f_0(x) + \lambda \alpha$ für ein geeignetes $\alpha \in \mathbb{R}$. Mit dieser Definition ist f_1 auf jeden Fall linear; bleibt noch α so zu wählen, dass $f_1 \leq p$ gilt. Aus der Linearität von f_0 und der Sublinearität von p folgt zunächst für alle $x, y \in U$

$$f_0(x) + f_0(y) = f_0(x + y) \leq p(x + y) \leq p(x - x_1) + p(x_1 + y).$$

Umsortieren ergibt

$$f_0(x) - p(x - x_1) \leq p(x_1 + y) - f_0(y) \qquad \text{für alle } x, y \in U.$$

Diese Ungleichung bleibt erhalten, wenn wir das Supremum über alle $x \in U$ und das Infimum über alle $y \in U$ bilden. Wir finden daher ein $\alpha \in \mathbb{R}$ so, dass

$$\sup_{x \in U} f_0(x) - p(x - x_1) \leq \alpha \leq \inf_{y \in U} p(x_1 + y) - f_0(y) \qquad (8.1)$$

gilt; dieses α verwenden wir für die oben gegebene Konstruktion von f_1. Sei nun $x + \lambda x_1 \in U_1$ gegeben. Gilt $\lambda > 0$, so folgt aus der zweiten Ungleichung in (8.1) und Abschätzung des Infimums nach oben durch $x \in U$ beliebig

$$f_0(x) + \alpha \leq p(x_1 + x) \qquad \text{für alle } x \in U.$$

Wegen $\lambda > 0$ folgt daraus mit der Sublinearität von p

$$f_1(x + \lambda x_1) = f_0(x) + \lambda \alpha = \lambda \left(f_0 \left(\tfrac{x}{\lambda} \right) + \alpha \right) \leq \lambda p \left(x_1 + \tfrac{x}{\lambda} \right) = p(x + \lambda x_1).$$

Für $\lambda < 0$ erhalten wir analog aus der ersten Ungleichung in (8.1) durch Abschätzung des Supremums nach unten

$$f_0(x) - \alpha \leq p(x - x_1) \qquad \text{für alle } x \in U,$$

und damit wegen $-\lambda > 0$

$$f_1(x + \lambda x_1) = -\lambda \left(f_0 \left(\tfrac{x}{-\lambda} \right) - \alpha \right) \leq (-\lambda) p \left(\tfrac{x}{-\lambda} - x_1 \right) = p(x + \lambda x_1).$$

Für $\lambda = 0$ ist schließlich $f_1(x) = f_0(x)$ und daher nichts zu zeigen. Also gilt $f(x) \leq p(x)$ für alle $x \in U_1$.

Ist X endlichdimensional, so können wir mit dieser Prozedur fortfahren, bis $U_n = X$ gilt; für separable Räume verwendet man zusätzlich vollständige Induktion. Im allgemeinen Fall

brauchen wir aber schweres Gerät: Das *Zornsche Lemma,* welches äquivalent zum Auswahlaxiom (und zum Wohlordnungssatz) ist, und garantiert, dass eine nichtleere halbgeordnete
Menge, für die jede vollständig geordnete Teilmenge nach oben beschränkt ist, ein maximales Element enthält.[1] Um es anzuwenden, definieren wir die Menge aller Fortsetzungen
(im Sinne der Aussage des Satzes)

$$\mathscr{A} := \{(W, f) : W \supset U, \ f : W \to \mathbb{R} \ \text{ mit } \ f|_U = f_0, \ f \le p\}$$

und versehen $\mathscr{A}$ mit der Halbordnung

$$(W_1, f_1) \le (W_2, f_2) \quad \text{genau dann, wenn} \quad W_1 \subset W_2, \ f_2|_{W_1} = f_1.$$

Offensichtlich ist $(U, f_0) \in \mathscr{A}$ und damit $\mathscr{A} \ne \emptyset$. Sei nun $\mathscr{B} \subset \mathscr{A}$ eine vollständig geordnete
Teilmenge, d. h. für alle $a, b \in \mathscr{B}$ gilt entweder $a \le b$ oder $b \le a$. Wir setzen

$$W_* := \bigcup_{(W, f) \in \mathscr{B}} W$$

sowie

$$f_* : W_* \to \mathbb{R}, \qquad f_*(x) = f(x) \quad \text{für alle } x \in W, \ (W, f) \in \mathscr{B}.$$

Da $\mathscr{B}$ vollständig geordnet bezüglich der Fortsetzung, ist diese Vorschrift nicht widersprüch-
lich (was nicht offensichtlich ist). Weiter ist W_* ein Unterraum und f_* linear. Nach Konstruktion ist dann $(W_*, f_*) \ge (W, f)$ für alle $(W, f) \in \mathscr{B}$ und damit eine obere Schranke. Das
Zornsche Lemma garantiert daher die Existenz eines maximalen Elements (U_*, f). Dann
muss $U_* = X$ gelten, denn sonst könnten wir wie im ersten Schritt eine weitere Fortsetzung
von f auf $U_1 \supset U_*$ konstruieren, im Widerspruch zur Maximalität von (U_*, f). $\square$

Die im Beweis garantierte Fortsetzung ist im Allgemeinen nicht eindeutig; für verschiedene
Wahlen von α bekommen wir unterschiedliche Fortsetzungen.

  Der Nutzen dieses Resultats für die Funktionalanalysis besteht darin, dass Normen konvex
und damit insbesondere sublinear sind.[2] Wir können also ein stetiges lineares Funktional
durch Festlegung der Werte auf einem Unterraum definieren und *stetig* auf X fortsetzen.
Dies garantiert dann, dass der Dualraum für unsere Zwecke genügend Elemente enthält.[3]

---

[1] Eine etwas unhandlich zu formulierende Aussage, was die Grundlage für den oft zitierten – Jerry L.
Bona zugeschriebenen – Spruch liefert: „Das Auswahlaxiom ist offensichtlich wahr, das Wohlord-
nungsprinzip ist offensichtlich falsch, und wer weiß das schon beim Zornschen Lemma?"

[2] Da die Konvexität der Norm äquivalent zur Konvexität der durch sie definierten Kugeln ist, kann
man den Satz von Hahn–Banach auch in *lokalkonvexen Räumen* verwenden; dies sind topologische
Vektorräume, in denen – grob gesprochen – die durch die Topologie definierten Umgebungen konvex
sind. Diese besitzen viele der in Folge gezeigten Eigenschaften; siehe etwa [22, Kap. VIII].

[3] In [15] wurde sogar gezeigt, dass der Satz von Hahn–Banach äquivalent ist zur Aussage, dass für
jeden Banachraum $X \ne \{0\}$ auch $X^* \ne \{0\}$ ist.

Satz 8.2 (Fortsetzungssatz von Hahn–Banach) *Sei X ein normierter Raum über $\mathbb{K}$, sei $U \subset X$ ein Unterraum und $u^* : U \to \mathbb{K}$ linear und stetig, d. h. $u^* \in U^*$. Dann gibt es ein $x^* \in X^*$ mit $\langle x^*, x \rangle_X = \langle u^*, x \rangle_U$ für alle $x \in U$ und $\|x^*\|_{X^*} = \|u^*\|_{U^*}$.*

Beweis Sei zunächst $\mathbb{K} = \mathbb{R}$. Wir definieren für gegebenes $u^* \in U^*$

$$p : X \to \mathbb{R}^+, \qquad p(x) = \|u^*\|_{U^*} \|x\|_X.$$

Dann ist p sublinear, und es gilt

$$\langle u^*, x \rangle_U \leq \|u^*\|_{U^*} \|x\|_X = p(x) \qquad \text{für alle } x \in U.$$

Nach dem Satz 8.1 von Hahn–Banach existiert daher eine lineare Fortsetzung $x^* : X \to \mathbb{R}$ mit $\langle x^*, x \rangle_X \leq p(x)$ für alle $x \in X$. Es bleibt zu zeigen, dass x^* stetig ist und die behauptete Norm besitzt. Dafür verwenden wir die Linearität von x^*: Für alle $x \in X$ gilt

$$-\langle x^*, x \rangle_X = \langle x^*, -x \rangle_X \leq p(-x) = \|u^*\|_{U^*} \| -x \|_X = \|u^*\|_{U^*} \|x\|_X,$$

woraus zusammen mit $\langle x^*, x \rangle_X \leq p(x)$ für alle $x \in X$ folgt

$$|\langle x^*, x \rangle_X| \leq \|u^*\|_{U^*} \|x\|_X \qquad \text{für alle } x \in X,$$

d. h. x^* ist stetig und es gilt $\|x^*\|_{X^*} \leq \|u^*\|_{U^*}$. Da x^* Fortsetzung ist, folgt sofort

$$\|u^*\|_{U^*} = \sup_{x \in U \setminus \{0\}} \frac{|\langle u^*, x \rangle_U|}{\|x\|_X} = \sup_{x \in U \setminus \{0\}} \frac{|\langle x^*, x \rangle_X|}{\|x\|_X} \leq \sup_{x \in X \setminus \{0\}} \frac{|\langle x^*, x \rangle_X|}{\|x\|_X} = \|x^*\|_{X^*}$$

und damit $\|x^*\|_{X^*} = \|u^*\|_{U^*}$.

Den Fall $\mathbb{K} = \mathbb{C}$ führen wir auf den ersten Fall zurück. Jeder $\mathbb{C}$-Vektorraum kann auch als $\mathbb{R}$-Vektorraum aufgefasst werden (indem man nur Skalare aus $\mathbb{R}$ zulässt); für X und U bezeichnen wir diese mit $X_{\mathbb{R}}$ und $U_{\mathbb{R}}$ (versehen mit der gleichen Norm). Für gegebenes $u^* \in X^*$ nehmen wir dann den Realteil $u_{\mathbb{R}}^* := \operatorname{Re} u^*$, d. h. $\langle u_{\mathbb{R}}^*, x \rangle_{U_{\mathbb{R}}} := \operatorname{Re}\langle u^*, x \rangle_U$. Damit ist $u_{\mathbb{R}}^* \in (U_{\mathbb{R}})^*$ und $\|u_{\mathbb{R}}^*\|_{(U_{\mathbb{R}})^*} \leq \|u^*\|_{U^*}$ sowie (wegen der $\mathbb{C}$-Linearität und $\operatorname{Im}(x) = -\operatorname{Re}(ix)$)

$$\langle u^*, x \rangle_U = \operatorname{Re}\langle u^*, x \rangle_U + i \operatorname{Im}\langle u^*, x \rangle_U = \langle u_{\mathbb{R}}^*, x \rangle_{U_{\mathbb{R}}} - i \langle u_{\mathbb{R}}^*, ix \rangle_{U_{\mathbb{R}}} \qquad \text{für alle } x \in U.$$

Sei nun $x_{\mathbb{R}}^*$ die ($\mathbb{R}$-lineare) Fortsetzung von $u_{\mathbb{R}}^*$ wie im ersten Fall konstruiert, und setze

$$\langle x^*, x \rangle_X := \langle x_{\mathbb{R}}^*, x \rangle_{X_{\mathbb{R}}} - i \langle x_{\mathbb{R}}^*, ix \rangle_{X_{\mathbb{R}}}, \qquad \text{für alle } x \in X.$$

Dann ist $x^* : X \to \mathbb{C}$ eine $\mathbb{C}$-lineare Fortsetzung von u^*. Für die Stetigkeit wähle zu $x \in X$ ein $\sigma \in \mathbb{C}$ mit $|\sigma| = 1$, so dass $|\langle x^*, x \rangle_X| = \sigma \langle x^*, x \rangle_X \in \mathbb{R}$ gilt. Dann ist

$$|\langle x^*, x \rangle_X| = \sigma \langle x^*, x \rangle_X = \langle x^*, \sigma x \rangle_X = \langle x^*_{\mathbb{R}}, \sigma x \rangle_{X_{\mathbb{R}}} \leq \|x^*_{\mathbb{R}}\|_{(X_{\mathbb{R}})^*} \|x\|_X,$$

woraus $\|x^*\|_{X^*} = \|x^*_{\mathbb{R}}\|_{(X_{\mathbb{R}})^*} = \|u^*_{\mathbb{R}}\|_{(U_{\mathbb{R}})^*} \leq \|u^*\|_{U^*}$ und damit wegen $\|u^*\|_{U^*} \leq \|x^*\|_{X^*}$ wie im ersten Fall $\|x^*\|_{X^*} = \|u^*\|_{U^*}$ folgt. $\qquad\square$

Beachten Sie, dass U weder als dicht noch als abgeschlossen vorausgesetzt war, im Gegensatz zu Satz 4.7 (welcher dafür Eindeutigkeit der Fortsetzung garantiert).

Aus dem Satz von Hahn–Banach erhalten wir nun elegant eine Reihe sehr nützlicher Aussagen. Das nächste Resultat zeigt, dass der Dualraum X^* stets „fein"genug ist, um einzelne Elemente von X zu unterscheiden; dies garantiert, dass ein normierter Raum vollständig durch seinen Dualraum charakterisiert wird.

Satz 8.3 *Sei X ein normierter Raum und $x \in X \setminus \{0\}$. Dann gibt es ein normierendes Funktional $x^* \in X^*$ mit $\|x^*\|_{X^*} = 1$ und $\langle x^*, x \rangle_X = \|x\|_X$.*

Beweis Sei $U = \{\lambda x : \lambda \in \mathbb{K}\}$ und $u^* : U \to \mathbb{K}$ definiert durch

$$\langle u^*, \lambda x \rangle_U = \lambda \|x\|_X \qquad \text{für alle } \lambda \in \mathbb{K}.$$

Insbesondere ist für $\lambda = 1$ dann $\langle u^*, x \rangle_U = \|x\|_X$. Weiterhin ist $|\langle u^*, \lambda x \rangle_X| = \|\lambda x\|_X$ und damit $\|u^*\|_{U^*} = 1$, und wir erhalten das gewünschte normierende Funktional, indem wir u^* mit Hilfe des Fortsetzungssatzes 8.2 auf X fortsetzen. $\qquad\square$

Das normierende Funktional kann man auch als Verallgemeinerung des Vorzeichens in normierten Räumen auffassen.

Diese Charakterisierung illustrieren die folgenden Resultate.

Folgerung 8.4 *Sei X ein normierter Raum. Dann gilt*

$$\|x\|_X = \max_{x^* \in B_{X^*}} |\langle x^*, x \rangle_X| \qquad \text{für alle } x \in X.$$

Beweis Dies folgt wegen

$$|\langle x^*, x \rangle_X| \leq \|x^*\|_{X^*} \|x\|_X \leq \|x\|_X \qquad \text{für alle } x^* \in B_{X^*}, \ x \in X,$$

mit Gleichheit für das normierende Funktional aus Satz 8.3. $\qquad\square$

Im Gegensatz zur Definition der Operatornorm $\|x^*\|_{X^*}$ wird hier das Supremum also stets angenommen.

Folgerung 8.5 *Seien X ein normierter Raum, $U \subset X$ ein abgeschlossener Unterraum und $x_0 \in X \setminus U$. Dann existiert ein $x^* \in X^*$ mit $\langle x^*, x \rangle_X = 0$ für alle $x \in U$ und $\langle x^*, x_0 \rangle_X \neq 0$.*

Beweis Da U abgeschlossener Unterraum ist, ist X/U nach Satz 6.1 ein Banachraum und damit insbesondere ein normierter Raum. Sei $Q : X \to X/U$, $x \mapsto [x]$, die zugehörige Quotientenabbildung. Wegen $x_0 \notin U$ gilt $Qx_0 \neq [0]$, und Satz 8.3 liefert ein $q^* \in (X/U)^*$ mit $\langle q^*, Qx_0 \rangle_{X/U} = \|Qx_0\|_{X/U} \neq 0$. Dann hat $x^* := q^* \circ Q \in L(X, \mathbb{K})$ wegen $Qx = [0]$ für alle $x \in U$ die gewünschten Eigenschaften. $\qquad\square$

Die Aussage $\langle x^*, x \rangle_X = 0$ für alle $x \in U$ kann man nach Definition des Annihilators auch kurz als $x^* \in U^\perp$ schreiben.

Folgerung 8.6 *Sei X ein normierter Raum und $U \subset X$ ein Unterraum. Dann sind äquivalent:*

(i) U ist dicht in X;
(ii) $U^\perp = \{0\}$.

Beweis *(i) $\Rightarrow$ (ii):* Sei $x^* \in U^\perp$. Nach Voraussetzung ist dann $\langle x^*, x \rangle_X = 0$ für alle $x \in U$. Also ist x^* eine Fortsetzung des Nulloperators $0 \in L(U, \mathbb{K}) = U^*$ auf X, und aus Satz 4.7 folgt $\|x^*\|_{X^*} = \|x^*\|_{U^*} = 0$ und damit $x^* = 0$.

(ii) $\Rightarrow$ (i): Angenommen, cl $U \neq X$. Dann gibt es ein $x_0 \in X \setminus (\text{cl } U)$ und daher nach Folgerung 8.5 ein $x^* \in X^*$ mit $x^* \neq 0$ und $\langle x^*, x \rangle_X = 0$ für alle $x \in U \subset$ cl U, d.h. $0 \neq x^* \in U^\perp$. Durch Kontraposition folgt die Behauptung. $\qquad\square$

Folgerung 8.7 *Sei X ein normierter Raum. Ist X^* separabel, dann ist auch X separabel.*

Beweis Sei $U^* := \{x_n^* : n \in \mathbb{N}\} \subset X^*$ dicht in X^*. Nach Definition der Operatornorm existiert dann für jedes x_n^* ein $x_n \in B_X$ mit $\langle x_n^*, x_n \rangle_X \geq \frac{1}{2}\|x_n^*\|_{X^*}$. Wir zeigen nun mit Hilfe von Folgerung 8.6, dass der durch die x_n aufgespannte Unterraum $U \subset X$ dicht in X ist. Sei dafür $x^* \in U^\perp$. Dann folgt für alle x_n^* und x_n aus der Definition der Operatornorm, $x_n \in U$, und der umgekehrten Dreiecksungleichung

$$\|x^* - x_n^*\|_{X^*} \geq |\langle x^* - x_n^*, x_n \rangle_X| = |\langle x_n^*, x_n \rangle_X| \geq \frac{1}{2}\|x_n^*\|_{X^*}$$

$$\geq \frac{1}{2}|\|x^*\|_{X^*} - \|x^* - x_n^*\|_{X^*}|. \tag{8.2}$$

Da U^* dicht in X^* liegt, gilt $\inf_{x_n^* \in U^*} \|x^* - x_n^*\|_{X^*} = 0$. Gehen wir daher auf beiden Seiten von (8.2) zum Infimum über alle $n \in \mathbb{N}$ über, erhalten wir $0 \geq \frac{1}{2}\|x^*\|_{X^*}$ und damit $x^* = 0$. Also ist U dicht in X. Da die rationalen Linearkombinationen der x_n eine abzählbare und dichte Teilmenge von U bilden, ist X separabel. $\qquad\square$

Da nach Satz 3.15 der Raum $\ell^1(\mathbb{K})$, aber nicht $\ell^\infty(\mathbb{K})$, separabel ist, kann daher $\ell^1(\mathbb{K})$ nicht isomorph zu $\ell^\infty(\mathbb{K})^*$ sein; ebenso ist $L^1(\Omega)$ nicht isomorph zu $L^\infty(\Omega)^*$. Allerdings ist der Satz 8.1 von Hahn–Banach (wegen der Verwendung des Auswahlaxioms in Form des Zornschen Lemmas) nicht konstruktiv und ermöglicht damit nicht, ein explizites Element aus $\ell^\infty(\mathbb{K})^*$ anzugeben, das nicht in $\ell^1(\mathbb{K})$ repräsentierbar ist.[4]

Folgerung 8.8 *Sei X ein normierter Raum und $U \subset X$ ein Unterraum. Dann gilt $(U^\perp)_\perp = \mathrm{cl}\, U$.*

Beweis Für beliebiges $x \in U$ gilt $\langle x^*, x \rangle_X = 0$ für alle $x^* \in U^\perp$, und damit ist nach Definition $x \in (U^\perp)_\perp$. Für $x \in \mathrm{cl}\, U \setminus U$ betrachte eine Folge $\{x_n\}_{n \in \mathbb{N}} \subset U$ mit $x_n \to x$. Da $U \subset (U^\perp)_\perp$ wie eben gezeigt ist und Annihilatoren stets abgeschlossen sind, gilt $x \in (U^\perp)_\perp$ und damit $\mathrm{cl}\, U \subset (U^\perp)_\perp$.

---

[4]Tatsächlich ist dies beweisbar unmöglich, denn ersetzt man das Auswahlaxiom – bzw. die schwächste Version davon, die für den Satz von Hahn–Banach ausreicht – durch schwächere Axiome, kann man $\ell^1(\mathbb{K}) \cong \ell^\infty(\mathbb{K})^*$ zeigen, siehe [19, § 29.37–38].

Sei nun $x \notin \mathrm{cl}\, U$. Nach Folgerung 8.5 existiert dann ein $x^* \in U^\perp$ mit $\langle x^*, x \rangle_X \neq 0$, d. h. $x \notin (U^\perp)_\perp$. $\square$

Dagegen gilt für $U \subset X^*$ in der Regel nur $\mathrm{cl}\, U \subset (U_\perp)^\perp$.

Anfangs wurde bereits angedeutet, dass der Satz von Hahn–Banach auch eine geometrische Interpretation als Aussage über konvexe Mengen besitzt; diese betrachten wir nun näher. Folgerung 8.5 besagt insbesondere, dass für alle $x, y \in X$ mit $x \neq y$ ein $x^* \in X^*$ existiert mit $\langle x^*, x - y \rangle_X \neq 0$; man sagt, X^* *trennt* die Punkte von X. Anschaulich können wir für $x^* \in X^*$ und $\alpha \in \mathbb{R}$ (im Fall $\mathbb{K} = \mathbb{R}$) die *Hyperebene*

$$H_\alpha := \left\{ x \in X : \langle x^*, x \rangle_X = \alpha \right\}$$

definieren. Die Aussage ist dann, dass für gegebene x und y mit $x \neq y$ stets eine Hyperebene existiert, die X in zwei *Halbräume* H_α^- und H_α^+ zerteilt mit

$$x \in H_\alpha^- := \left\{ x \in X : \langle x^*, x \rangle_X < \alpha \right\}, \qquad y \in H_\alpha^+ := \left\{ x \in X : \langle x^*, x \rangle_X > \alpha \right\}.$$

Wir verallgemeinern dies nun auf die Trennung von Mengen. Wie bei der Fortsetzung ist auch hier die Konvexität wesentlich.

Satz 8.9 (Trennungssatz von Hahn–Banach) *Seien X ein normierter Vektorraum, $A \subset X$ nichtleer, offen und konvex, und $x_0 \in X \setminus A$. Dann existiert ein $x^* \in X^*$ mit*

$$\mathrm{Re}\langle x^*, x \rangle_X < \mathrm{Re}\langle x^*, x_0 \rangle_X \quad \textit{für alle } x \in A.$$

Beweis Wir betrachten zuerst den Fall $\mathbb{K} = \mathbb{R}$, und führen die Aussage zurück auf den Satz 8.1 von Hahn–Banach. Wir benötigen also ein geeignetes sublineares Funktional. Für $A \subset X$ definieren wir dafür das *Minkowski-Funktional*

$$m_A : X \to [0, \infty], \qquad x \mapsto \inf \left\{ t > 0 : \tfrac{1}{t} x \in A \right\}.$$

Das Funktional gibt an, wie weit man $x \in X$ in Richtung 0 „zurückziehen" muss, bis $x \in A$ liegt. (Für $A = B_X$ ist $m_A(x) = \|x\|_X$, womit wir bereits den Zusammenhang zum Fortsetzungssatz sehen.) Erstmal ist nicht klar, ob überhaupt so ein t existiert, d. h. ob das Infimum endlich ist. Wir nehmen daher zuerst an, dass $0 \in A$ liegt, denn dann ist für alle $x \in X$ und t groß genug $\tfrac{1}{t} x \in A$, da A offen ist (und damit eine Kugel mit Radius $\varepsilon > \tfrac{1}{t} \|x\|_X$ enthält). Wir zeigen nun die Sublinearität. Direkt aus der Definition folgt $m_A(\lambda x) = \lambda m_A(x)$ für alle $x \in X$ und $\lambda > 0$. Seien nun $x, y \in X$ und $\varepsilon > 0$ beliebig. Aufgrund der Definition des Infimums existieren dann $t, s > 0$ mit

$$t \le m_A(x) + \varepsilon, \quad \tfrac{1}{t}x \in A, \qquad s \le m_A(y) + \varepsilon, \quad \tfrac{1}{s}y \in A.$$

Aus der Konvexität von A folgt dann

$$\frac{1}{t+s}(x+y) = \frac{t}{t+s}\left(\tfrac{1}{t}x\right) + \frac{s}{t+s}\left(\tfrac{1}{s}y\right) \in A$$

und damit

$$m_A(x+y) \le t + s \le m_A(x) + m_A(y) + 2\varepsilon.$$

Da $\varepsilon > 0$ beliebig war, folgt $m_A(x+y) \le m_A(x) + m_A(y)$.

Wir zeigen nun, dass m_A selber x_0 und A trennt; im nächsten Schritt konstruieren wir daraus ein *lineares* Funktional auf einem geeigneten Unterraum. Zunächst gilt $\frac{1}{t}x_0 \notin A$ für alle $t < 1$ (sonst wäre $x_0 = t\frac{x_0}{t} + (1-t)0 \in A$ für ein $t \in (0,1)$, denn $0 \in A$ und A ist konvex) und damit

$$m_A(x_0) \ge 1. \tag{8.3}$$

Umgekehrt folgt aus $m_A(x) \ge 1$, dass $\frac{1}{t}x \in X \setminus A$ für alle $t \in (0,1)$ gilt. Wählen wir nun eine Folge $\{t_n\}_{n \in \mathbb{N}} \subset (0,1)$ mit $t_n \to 1$, so erhalten wir $x = \lim_{n \to \infty} \frac{1}{t_n}x \in X \setminus A$, denn $X \setminus A$ ist als Komplement einer offenen Menge abgeschlossen. Also gilt

$$m_A(x) < 1 \qquad \text{für alle } x \in A. \tag{8.4}$$

Wir definieren nun wie im Beweis von Satz 8.3 den Unterraum $U := \{\lambda x_0 : \lambda \in \mathbb{R}\}$ und auf U ein lineares Funktional $u^* : U \to \mathbb{R}$ durch

$$\langle u^*, \lambda x_0 \rangle_U = \lambda m_A(x_0), \qquad \text{für alle } \lambda \in \mathbb{R}.$$

Dann ist wegen der Sublinearität von m_A sowie $m_A \ge 0$ und $m_A(0) = 0$ für

$$\lambda > 0 : \quad \langle u^*, \lambda x_0 \rangle_X = \lambda m_A(x_0) = m_A(\lambda x_0),$$
$$\lambda \le 0 : \quad \langle u^*, \lambda x_0 \rangle_X = \lambda m_A(x_0) \le 0 \le m_A(\lambda x_0).$$

Also gilt $u^* \le m_A$ auf U. Wir erhalten daher durch den Satz 8.1 von Hahn–Banach eine lineare Fortsetzung $x^* : X \to \mathbb{R}$ mit $x^* \le m_A$ auf ganz X. Bleibt zu zeigen, dass x^* stetig ist und ebenfalls trennt.

Da $0 \in A$ und A als offen vorausgesetzt sind, existiert für $\varepsilon > 0$ klein genug eine abgeschlossene Kugel $B_\varepsilon(0) \subset A$. Also ist $\varepsilon \frac{x}{\|x\|_X} \in B_\varepsilon(0) \subset A$ für alle $x \in X$ und damit

$$\langle x^*, x \rangle_X \le m_A(x) \le \frac{1}{\varepsilon}\|x\|_X \qquad \text{für alle } x \in X,$$

sowie analog für $-x$, d.h. $x^* \in X^*$. Aus (8.3) und (8.4) folgt nun

$$\langle x^*, x \rangle_X \leq m_A(x) < 1 \leq m_A(x_0) = \langle u^*, x_0 \rangle_U = \langle x^*, x_0 \rangle_X \qquad \text{für alle } x \in A,$$

woraus die Trennungseigenschaft folgt.

Für den allgemeinen Fall $0 \notin A$ wählen wir $\tilde{x} \in A$ und betrachten $\tilde{A} := A - \tilde{x} := \{x - \tilde{x} : x \in A\}$. Dann ist $\tilde{A}$ ebenfalls offen, $0 \in \tilde{A}$, und $x_0 - \tilde{x} \notin \tilde{A}$. Wie oben erhalten wir nun ein $x^* \in X^*$ mit $\langle x^*, y \rangle_X < \langle x^*, x_0 - \tilde{x} \rangle_X$ für alle $y \in \tilde{A}$. Für alle $x \in A$ ist dann nach Definition $x - \tilde{x} \in \tilde{A}$ und daher

$$\langle x^*, x \rangle_X = \langle x^*, x - \tilde{x} \rangle_X + \langle x^*, \tilde{x} \rangle_X < \langle x^*, x_0 - \tilde{x} \rangle_X + \langle x^*, \tilde{x} \rangle_X = \langle x^*, x_0 \rangle_X,$$

was zu zeigen war.

Den Fall $\mathbb{K} = \mathbb{C}$ führt man wie im Beweis vom Fortsetzungssatz 8.2 auf den reellen Fall zurück. $\qquad \square$

Aus Satz 8.9 kann man nun weitere Trennungssätze ableiten, die von fundamentaler Bedeutung für die konvexe Optimierung sind. Zuerst betrachten wir die Trennung zweier disjunkter konvexer Mengen.

Satz 8.10 *Sei X normierter reeller Vektorraum, $A_1, A_2 \subset X$ nichtleer und konvex mit $A_1 \cap A_2 = \emptyset$. Ist A_1 offen, so existiert ein $x^* \in X^*$ und ein $\alpha \in \mathbb{R}$ mit*

$$\mathrm{Re}\langle x^*, x_1 \rangle_X < \alpha \leq \mathrm{Re}\langle x^*, x_2 \rangle_X \qquad \textit{für alle } x_1 \in A_1, \ x_2 \in A_2.$$

Beweis Setze $A := A_1 - A_2 = \{x_1 - x_2 : x_1 \in A_1, x_2 \in A_2\}$. Dann ist A offen, denn für $x \in A$ folgt $x \in A_1 - x_2 \subset A$ für ein $x_2 \in A_2$, und $A_1 - x_2$ ist offen. Weiterhin ist $0 \notin A$ wegen $A_1 \cap A_2 = \emptyset$. Aus dem Trennungssatz 8.9 erhalten wir also ein $x^* \in X^*$ mit $\mathrm{Re}\langle x^*, x \rangle_X < \mathrm{Re}\langle x^*, 0 \rangle_X = 0$ für alle $x \in A$, d.h.

$$\mathrm{Re}\langle x^*, x_1 \rangle_X - \mathrm{Re}\langle x^*, x_2 \rangle_X = \mathrm{Re}\langle x^*, x_1 - x_2 \rangle < 0 \qquad \text{für alle } x_1 \in A_1, \ x_2 \in A_2.$$

Mit $\alpha := \sup_{x_1 \in A_1} \mathrm{Re}\langle x^*, x_1 \rangle_X$ folgt nun die Behauptung, da nach Satz 5.5 von der offenen Abbildung das Bild der offenen Menge A_1 unter der surjektiven Abbildung $x^* \in L(X, \mathbb{R}) \setminus \{0\}$ offen ist und daher das Supremum nicht angenommen wird. $\qquad \square$

Eine weitere Variante ist die strikte Trennung eines Punktes von einer *abgeschlossenen* Menge.

> **Satz 8.11** *Seien X ein normierter reeller Vektorraum, $A \subset X$ nichtleer, abgeschlossen und konvex, und $x_0 \in X \setminus A$. Dann existiert ein $x^* \in X^*$ und ein $\alpha \in \mathbb{R}$ mit*
>
> $$\mathrm{Re}\langle x^*, x\rangle_X \leq \alpha < \mathrm{Re}\langle x^*, x_0\rangle_X \quad \text{für alle } x \in A.$$

Beweis Da A abgeschlossen ist, existiert eine offene (konvexe) Kugel $U_\varepsilon(x_0) \subset X \setminus A$. Wir wenden Satz 8.10 an auf $A_1 = U_\varepsilon(x_0)$ und $A_2 = A$ und erhalten ein trennendes Funktional $x^* \in X^*$ mit $\mathrm{Re}\langle x^*, x_1\rangle_X < \mathrm{Re}\langle x^*, x_2\rangle_X$ für alle $x_1 \in U_\varepsilon(x_0)$ und $x_2 \in A$. Nun können wir jedes $x_1 \in U_\varepsilon(x_0)$ schreiben als $x_1 = x_0 + \varepsilon y$ für ein $y \in B_X$, und durch Einsetzen erhalten wir

$$\mathrm{Re}\langle x^*, x_0\rangle_X + \varepsilon\mathrm{Re}\langle x^*, y\rangle_X = \mathrm{Re}\langle x^*, x_1\rangle_X < \mathrm{Re}\langle x^*, x\rangle_X \quad \text{für alle } y \in B_X, x \in A.$$

Daraus folgt durch Supremum über alle $y \in B_Y$ wegen $x^* \neq 0$ und $\|\mathrm{Re}\, x^*\|_{(X_{\mathbb{R}})^*} = \|x^*\|_{X^*}$ (siehe Beweis des Trennungssatzes 8.9)

$$\mathrm{Re}\langle x^*, x_0\rangle_X < \mathrm{Re}\langle x^*, x_0\rangle_X + \varepsilon\|x^*\|_{X^*} \leq \mathrm{Re}\langle x^*, x\rangle_X \quad \text{für alle } x \in A.$$

Wir erhalten daraus die Aussage durch Übergang zu $-x^*$ mit $-\alpha := \mathrm{Re}\langle x^*, x_0\rangle_X + \varepsilon\|x^*\|_X$. $\square$

Aufgaben

Aufgabe 8.1 *Fortsetzung von Funktionalen*
Wir betrachten die Grenzwertbildung auf dem Raum $c(\mathbb{K})$ der konvergenten Folgen,

$$f(x) = \lim_{k \to \infty} x_k \quad \text{für alle } x = \{x_k\}_{k \in \mathbb{N}} \in c(\mathbb{K}).$$

Zeigen Sie, dass es zwei verschiedene stetige Fortsetzungen $f_1, f_2 \in \ell^\infty(\mathbb{K})^*$ von f gibt mit

$$f_1|_{c(\mathbb{K})} = f_2|_{c(\mathbb{K})} = f \quad \text{und} \quad \|f_1\|_{\ell^\infty(\mathbb{K})^*} = \|f_2\|_{\ell^\infty(\mathbb{K})^*} = \|f\|_{c(\mathbb{K})^*}.$$

Hinweis Betrachten Sie die Folge $a = (0, 1, 0, 1, \dots)$ mit 1 in jedem geraden Folgeglied und 0 in jedem ungeraden Folgeglied und

$$U = \{x + \lambda a : x \in c(\mathbb{K}), \lambda \in \mathbb{K}\}.$$

Aufgabe 8.2 *Funktionalproblem*
Sei X ein normierter Raum und I eine beliebige Menge. Seien $x_i \in X$ und $c_i \in \mathbb{K}$ für alle $i \in I$. Zeigen Sie, dass genau dann ein $x^* \in X^*$ existiert mit $x^*(x_i) = c_i$ für alle $i \in I$, wenn es ein $M > 0$ gibt mit

$$\left| \sum_{i \in F} \lambda_i c_i \right| \leq M \left\| \sum_{i \in F} \lambda_i x_i \right\| \quad \text{für alle } \lambda_i \in \mathbb{K} \text{ und alle } F \subset I \text{ endlich.}$$

(In diesem Fall ist $\| x^* \|_{X^*} \leq M$.)

Aufgabe 8.3   *Unendliche lineare Gleichungssysteme*
Gegeben sei das lineare Gleichungssystem

$$\sum_{k=1}^{\infty} a_{jk} x_k = b_j, \quad 1 \leq j < \infty$$

für $|a_{jk}| < \infty$ für alle $1 \leq j, k < \infty$. Zeigen Sie, dass das Gleichungssystem genau dann eine Lösung $x \in \ell^p(\mathbb{K})$ mit $\|x\|_p \leq M$ gibt, wenn gilt

$$\left| \sum_{k=1}^{n} c_j b_j \right| \leq M \left(\sum_{k=1}^{\infty} \left| \sum_{k=1}^{n} c_j a_{jk} \right| \right) \quad \text{für alle } c_j \in \mathbb{K} \text{ und } n \in \mathbb{N}.$$

Aufgabe 8.4   *Abschluss und Inneres konvexer Mengen*
Sei X ein normierter Raum und $A \subset X$ konvex. Zeigen Sie:

(i) cl A und int A sind konvex.
(ii) Ist int $A \neq \emptyset$, so ist cl $A = $ cl int A.

Aufgabe 8.5   *Konvexe Mengen unter linearen Abbildungen*
Seien X, Y normierte Räume und $T : X \to Y$ linear. Zeigen Sie:

(i) Ist $A \subset X$ konvex, dann ist auch $T(A)$ konvex.
(ii) Ist $B \subset Y$ konvex, dann ist auch $T^{-1}(B)$ konvex.

Aufgabe 8.6   *Der Dualraum von $\ell^\infty(\mathbb{K})$*

(i) Zeigen Sie, dass die Abbildung $T \colon \ell^1(\mathbb{K}) \to \ell^\infty(\mathbb{K})^*$,

$$\langle T x, y \rangle_{\ell^\infty} = \sum_{k=1}^{\infty} x_n y_n$$

nicht surjektiv ist, indem Sie ein Funktional $x^* \in \ell^\infty(\mathbb{K})^*$ konstruieren, das kein Urbild unter T besitzt.

(ii) Zeigen Sie, dass jedes $x^* \in \ell^\infty(\mathbb{K})^*$ eindeutig als Summe zweier Funktionale $x_1^*, x_2^* \in \ell^\infty(\mathbb{K})^*$ geschrieben werden kann, wobei x_1^* von der Form $\langle x_1^*, y \rangle_\infty = \sum_{k=1}^{\infty} x_k y_k$ für ein $x \in \ell^1(\mathbb{K})$ und $x_2^*|_{c_0(\mathbb{K})} = 0$ ist.

Hinweis: Betrachten Sie $\langle x^*, e_k \rangle_\infty$.

Aufgabe 8.7 *Quotientenräume*

Sei X ein normierter Vektorraum und $U \subset X$ ein abgeschlossener Unterraum. Zeigen Sie, dass dann die Abbildung

$$T : X^*/U^\perp \to U^*, \qquad x^* + U^\perp \mapsto x^*|_U$$

ein isometrischer Isomorphismus ist.

Adjungierte Operatoren 9

Ähnlich wie ein normierter Vektorraum durch seinen Dualraum charakterisiert wird, wird auch ein linearer Operator durch einen „dualen" Operator charakterisiert. Für normierte Räume X, Y und einen stetigen linearen Operator $T \in L(X, Y)$ definieren wir den *adjungierten Operator*

$$T^* : Y^* \to X^*, \qquad \langle T^* y^*, x \rangle_X := \langle y^*, Tx \rangle_Y \qquad \text{für alle } x \in X, \ y^* \in Y^*.$$

Dann ist T^* nach Konstruktion linear. Weiterhin ist T^* stetig.

Lemma 9.1 *Sei* $T \in L(X, Y)$. *Dann ist* $T^* \in L(Y^*, X^*)$ *mit* $\|T^*\|_{L(Y^*, X^*)} = \|T\|_{L(X, Y)}$.

Beweis Es gilt nach Definition der Operatornorm

$$\begin{aligned}
\|T^*\|_{L(Y^*, X^*)} &= \sup_{y^* \in B_{Y^*}} \|T^* y^*\|_{X^*} = \sup_{y^* \in B_{Y^*}} \sup_{x \in B_X} |\langle T^* y^*, x \rangle_X| \\
&= \sup_{y^* \in B_{Y^*}} \sup_{x \in B_X} |\langle y^*, Tx \rangle_Y| = \sup_{x \in B_X} \sup_{y^* \in B_{Y^*}} |\langle y^*, Tx \rangle_Y| \\
&= \sup_{x \in B_X} \|Tx\|_Y = \|T\|_{L(X, Y)},
\end{aligned}$$

wobei wir für die vorletzte Gleichung Folgerung 8.4 verwendet haben. $\qquad\square$

© Springer Nature Switzerland AG 2019
C. Clason, *Einführung in die Funktionalanalysis,* Mathematik Kompakt,
https://doi.org/10.1007/978-3-030-24876-5_9

Beispiel 9.2

Ein triviales Beispiel ist die Identität $\mathrm{Id}_X \in L(X, X)$: Es gilt

$$\langle x^*, \mathrm{Id}_X\, x\rangle_X = \langle x^*, x\rangle_X = \langle \mathrm{Id}_{X^*}\, x^*, x\rangle_X \qquad \text{für alle } x \in X, \ x^* \in X^*,$$

d. h. $(\mathrm{Id}_X)^* = \mathrm{Id}_{X^*}$.

Für ein weniger triviales Beispiel definieren wir für $X = Y = \ell^p(\mathbb{K})$ mit $1 \leq p < \infty$ den *Rechts-Shift*

$$S_+ : \ell^p(\mathbb{K}) \to \ell^p(\mathbb{K}), \qquad (x_1, x_2, x_3, \dots) \mapsto (0, x_1, x_2, \dots).$$

Da der adjungierte Operator $(S_+)^* : \ell^p(\mathbb{K})^* \to \ell^p(\mathbb{K})^*$ auf linearen Funktionalen operiert, kann er in der Regel nicht konkreter als über die Definition angegeben werden. Wegen $\ell^p(\mathbb{K})^* \cong \ell^q(\mathbb{K})$ mit $\frac{1}{p} + \frac{1}{q} = 1$ ist es aber möglich, eine explizite Darstellung $T_p^{-1}(S_+)^* T_p : \ell^q(\mathbb{K}) \to \ell^q(\mathbb{K})$ zu finden, wobei $T_p : \ell^q(\mathbb{K}) \to \ell^p(\mathbb{K})^*$ der isometrische Isomorphismus aus Satz 7.1 ist. Sei dafür $y \in \ell^q(\mathbb{K})$ gegeben und $x \in \ell^p(\mathbb{K})$ beliebig. Dann gilt

$$\langle (S_+)^* T_p y, x\rangle_p = \langle T_p y, S_+ x\rangle_p = \sum_{k=2}^{\infty} x_{k-1} y_k = \sum_{k=1}^{\infty} x_k y_{k+1} = \langle T_p z, x\rangle_p$$

für $z = (y_2, y_3, y_4, \dots) \in \ell^q(\mathbb{K})$, d. h. $(S_+)^* T_p y = T_p z \in \ell^p(\mathbb{K})^*$ und damit $T_p^{-1}(S_+)^* T_p y = z$. Der adjungierte Operator kann daher dargestellt werden als der *Links-Shift*

$$S_- : \ell^q(\mathbb{K}) \to \ell^q(\mathbb{K}), \qquad (x_1, x_2, x_3, \dots) \mapsto (x_2, x_3, x_4, \dots).$$

Weitere Beispiele erhält man aus den folgenden Rechenregeln, die direkt aus der Definition folgen.

Lemma 9.3 *Seien X, Y, Z normierte Räume, $T_1, T_2 \in L(X, Y)$ und $S \in L(Y, Z)$. Dann gelten:*

  (i) $(T_1 + T_2)^* = T_1^* + T_2^*$;
  (ii) $(\lambda T_1)^* = \lambda T_1^*$ *für alle* $\lambda \in \mathbb{K}$;
 (iii) $(S \circ T)^* = T^* \circ S^*$.

Eine besonders nützliche Eigenschaft ist, dass Adjungieren und Invertieren kommutieren.

Satz 9.4 *Sei $T \in L(X, Y)$ stetig invertierbar. Dann ist auch $T^* \in L(Y^*, X^*)$ stetig invertierbar, und es gilt*

$$(T^*)^{-1} = (T^{-1})^* =: T^{-*}.$$

Beweis Ist T stetig invertierbar, so gilt $T^{-1}T = \mathrm{Id}_X$, $TT^{-1} = \mathrm{Id}_Y$, und T^{-1} ist stetig. Adjungieren auf beiden Seiten ergibt dann unter Verwendung von Lemma 9.3 (iii) $T^*(T^{-1})^* = \mathrm{Id}_{X^*}$ und analog für TT^{-1}. Also ist $(T^{-1})^*$ Inverse von T^* und nach Lemma 9.1 stetig. □

Folgerung 9.5 *Sind X und Y (isometrisch) isomorph, dann sind auch X^* und Y^* (isometrisch) isomorph.*

Beweis Sind X und Y isomorph, so existiert nach Definition eine stetig invertierbare Abbildung $T : X \to Y$. Dann ist nach Satz 9.4 auch $T^* : Y^* \to X^*$ stetig invertierbar und damit Y^* und X^* isomorph. Ist T isometrisch, so folgt aus Lemma 9.1 auch $\|T^*\|_{L(Y^*, X^*)} = \|T\|_{L(X, Y)} = 1$ und damit sofort

$$\|T^* y^*\|_{X^*} \le \|T^*\|_{L(Y^*, X^*)} \|y^*\|_{Y^*} = \|y^*\|_{Y^*} \quad \text{für alle } y^* \in Y^*.$$

Umgekehrt gilt für alle $y^* \in Y^*$

$$\|y^*\|_{Y^*} = \|T^{-*}T^* y^*\|_Y^* \le \|T^{-*}\|_{L(X^*, Y^*)} \|T^* y^*\|_{X^*}$$
$$= \|T^{-1}\|_{L(Y, X)} \|T^* y^*\|_{X^*} = \|T^* y^*\|_{X^*},$$

denn mit T ist auch T^{-1} ein isometrischer Isomorphismus (wie man unter Verwendung von $y = Tx \Leftrightarrow x = T^{-1}y$ leicht nachrechnet). Also ist $\|T^* y^*\|_{X^*} = \|y^*\|_{Y^*}$ und damit auch T^* eine Isometrie. □

Wir untersuchen nun, was wir mit Hilfe des adjungierten Operators über die Lösbarkeit der Gleichung $Tx = y$ aussagen können. Diese besitzt eine eindeutige Lösung, die stetig von der rechten Seite abhängt genau dann, wenn T injektiv und surjektiv ist. Für endlichdimensionale Operatoren (d. h. lineare Gleichungssysteme) können wir dies über den Rang von T ausdrücken; mit dem Dimensionssatz erhält man dann, dass T surjektiv ist genau dann, wenn T^* (der in diesem Fall der transponierten Matrix entspricht) injektiv ist (und umgekehrt). Eine ähnliche Aussage wäre auch für unendlichdimensionale Räume nützlich. Anstelle des Dimensionssatzes verwenden wir dafür die für Satz 7.3 eingeführten Annihilatoren.

Satz 9.6 *Seien X, Y normierte Räume und $T \in L(X, Y)$. Dann gelten*

(i) $(\operatorname{ran} T)^{\perp} = \ker T^*;$

(ii) $(\ker T^*)_{\perp} = \operatorname{cl}(\operatorname{ran} T);$

(iii) $(\operatorname{ran} T^*)_\perp = \ker T$;
(iv) $(\ker T)^\perp = \operatorname{cl}(\operatorname{ran} T^*)$.

Beweis Für (i) betrachte $y^* \in (\operatorname{ran} T)^\perp$, d. h. für alle $x \in X$ gilt

$$0 = \langle y^*, Tx \rangle_X = \langle T^* y^*, x \rangle_X.$$

Dann gilt aber nach Definition $T^* y^* = 0 \in X^*$ und damit $y^* \in \ker T^*$. Umgekehrt folgt aus $y^* \in \ker T^*$ mit der selben Rechnung $\langle y^*, Tx \rangle_X = 0$, d. h. $y^* \in (\operatorname{ran} T)^\perp$.

Aussage (ii) erhalten wir aus (i) zusammen mit Folgerung 8.8:

$$(\ker T^*)_\perp = ((\operatorname{ran} T)^\perp)_\perp = \operatorname{cl}(\operatorname{ran} T).$$

Genauso zeigt man (iii) und (iv). □

Der Operator T ist also genau dann surjektiv, wenn T^* injektiv und $\operatorname{ran} T$ abgeschlossen ist. Auch letztere Bedingung kann über den adjungierten Operator charakterisiert werden; dies besagt ein weiterer Hauptsatz der Funktionalanalysis, der *Satz vom abgeschlossenen Bild*. Für den Beweis, der wesentlich auf den Hahn–Banach-Sätzen beruht, brauchen wir zwei Lemmata.

Lemma 9.7 *Seien X, Y Banachräume und $T \in L(X, Y)$. Dann sind äquivalent:*

(i) ran T *ist abgeschlossen;*
(ii) *es existiert ein $C > 0$ so dass für alle $y \in \operatorname{ran} T$ ein $x \in X$ existiert mit $Tx = y$ und $\|x\|_X \leq C \|y\|_Y$.*

Beweis *(i)* $\Rightarrow$ *(ii):* Wir verwenden, dass ran T nach Satz 6.4 isomorph zu $X/\ker T$ ist; der Operator $S : X/\ker T \to \operatorname{ran} T$ aus Lemma 6.3 mit $T = S \circ Q$, wobei Q die Quotientenabbildung $x \mapsto [x]$ bezeichnet, ist also stetig invertierbar. Für alle $x \in X$ existiert daher ein $[x] \in X/\ker T$ mit $S[x] = Tx$ und damit

$$\|[x]\|_{X/\ker T} \leq \|S^{-1}\|_{L(\operatorname{ran} T, X/\ker T)} \|Tx\|_Y.$$

Wie im Beweis von Satz 6.2 finden wir nun nach Definition des Infimums zu $\varepsilon :=$ $\|[x]\|_{X/\ker T}$ ein $u_\varepsilon \in \ker T$ mit

$$\|x - u_\varepsilon\|_X \leq \inf_{u \in \ker T} \|x - u\|_X + \varepsilon = 2\|[x]\|_{X/\ker T}.$$

Also erfüllt $\tilde{x} := x - u_\varepsilon \in X$ wegen $T\tilde{x} = Tx = S[x] = y$ die gewünschte Abschätzung mit $C := 2\|S^{-1}\|_{L(\operatorname{ran} T, X/\ker T)}$.

(ii) $\Rightarrow$ (i): Mit Hilfe der Voraussetzung und der obigen Definition von S finden wir für $y \in \operatorname{ran} T$ ein eindeutiges $[x] \in X/\ker T$ mit $S[x] = Tx = y$ und

$$\|[x]\|_{X/\ker T} \leq \|x\|_X \leq C\|y\|_Y.$$

Also ist S stetig invertierbar, und damit $\operatorname{ran} T$ als Urbild des Banachraums $X/\ker T$ unter der stetigen Abbildung S^{-1} abgeschlossen. $\qquad\square$

Beachten Sie, dass die Abschätzung in Aussage (ii) nur für *ein* Urbild x gelten muss, nicht für alle! Aus dem Beweis folgt aber, dass (ii) äquivalent ist zu

$$\|[x]\|_{X/\ker T} \leq C\|Tx\|_Y \quad \text{für alle } x \in X. \tag{9.1}$$

Oft kann man eine schärfere Variante nachweisen, aus der zusätzlich die Injektivität von T folgt.

Folgerung 9.8 *Seien X, Y Banachräume und $T \in L(X, Y)$. Existiert ein $C > 0$ mit*

$$\|x\|_X \leq C\|Tx\|_Y \quad \text{für alle } x \in X,$$

so ist T injektiv und $\operatorname{ran} T$ abgeschlossen.

Beweis Ist $Tx = 0$, so folgt aus der Ungleichung sofort $x = 0$ und damit die Injektivität von T. In diesem Fall ist x das einzige Urbild von Tx, und deshalb ist nach Voraussetzung Satz 9.6 (ii) erfüllt und damit $\operatorname{ran} T$ abgeschlossen. $\qquad\square$

Für die stetige Invertierbarkeit von T fehlt dann lediglich die Surjektivität, die wir mit Hilfe des folgenden Lemmas nachweisen können.

Lemma 9.9 *Seien X, Y Banachräume und $T \in L(X, Y)$. Existiert ein $c > 0$ mit*

$$c\|y^*\|_{Y^*} \leq \|T^*y^*\|_{X^*} \quad \text{für alle } y^* \in Y^*,$$

so ist T surjektiv.

Beweis Wir verwenden den Satz 5.5 von der offenen Abbildung und zeigen $\delta U_Y \subset T(U_X)$ für ein $\delta > 0$ für die offenen Einheitskugeln in X bzw. Y, wobei wie im Beweis dieses Satzes genügt, $cU_Y \subset \mathrm{cl}\, T(U_X) =: A$ zu zeigen. Wir führen einen indirekten Beweis. Sei dafür $y_0 \notin A$. Da A nichtleer, konvex und abgeschlossen ist, existieren nach dem strikten Trennungssatz (Satz 8.11) ein $y^* \in Y^*$ und ein $\alpha \in \mathbb{R}$ mit

$$\mathrm{Re}\langle y^*, y\rangle_Y \leq \alpha < \mathrm{Re}\langle y^*, y_0\rangle_Y \quad \text{für alle } y \in A.$$

Da A wegen der Linearität von T mit y auch σy für alle $\sigma \in \mathbb{K}$ mit $|\sigma| = 1$ enthält, folgt

$$|\langle y^*, y\rangle_Y| = \mathrm{Re}\langle y^*, \sigma y\rangle_Y < \mathrm{Re}\langle y^*, y_0\rangle_Y \leq |\langle y^*, y_0\rangle_Y| \quad \text{für alle } y \in A,$$

wobei $\sigma \in \mathbb{K}$ so gewählt ist, dass $\sigma\langle y^*, y\rangle_Y = |\langle y^*, y\rangle_Y|$ und $|\sigma| = 1$ ist.

Nach Voraussetzung und Lemma 4.3 (i) gilt dann

$$c\|y^*\|_{Y^*} \leq \|T^*y^*\|_{X^*} = \sup_{x \in U_X} |\langle T^*y^*, x\rangle_X| = \sup_{x \in U_X} |\langle y^*, Tx\rangle_Y|$$

$$\leq |\langle y^*, y_0\rangle_Y| \leq \|y^*\|_{Y^*}\|y_0\|_Y$$

und damit $\|y_0\|_Y \geq c$, d.h. $y_0 \notin cU_Y$. Durch Kontraposition folgt $cU_Y \subset A = \mathrm{cl}\, T(U_X)$. $\square$

Wir kommen nun zum Hauptresultat dieses Kapitels.

Satz 9.10 (vom abgeschlossenen Bild) *Seien X, Y Banachräume und $T \in L(X, Y)$. Dann sind äquivalent:*

(i) $\mathrm{ran}\, T$ *ist abgeschlossen;*
(ii) $\mathrm{ran}\, T = (\ker T^*)_\perp$;
(iii) $\mathrm{ran}\, T^*$ *ist abgeschlossen;*
(iv) $\mathrm{ran}\, T^* = (\ker T)^\perp$.

Beweis (i) $\Leftrightarrow$ (ii): Ist ran T abgeschlossen, so gilt nach Satz 9.6 (ii)

$$(\ker T^*)_\perp = \mathrm{cl}\,(\mathrm{ran}\,T) = \mathrm{ran}\,T.$$

Die andere Richtung folgt sofort aus der Abgeschlossenheit von Annihilatoren.

(i) $\Rightarrow$ (iv): Zunächst gilt stets $\langle T^*y^*, x\rangle_X = \langle y^*, Tx\rangle_Y = 0$ für alle $x \in \ker T$ und damit ran $T^* \subset (\ker T)^\perp$. Für die umgekehrte Inklusion sei $x^* \in (\ker T)^\perp$. Wir konstruieren nun ein $y^* \in Y^*$ mit $x^* = T^*y^*$. Zuerst definieren wir ein lineares Funktional

$$y_0^* : \mathrm{ran}\,T \to \mathbb{K}, \qquad \langle y_0^*, Tx\rangle_{\mathrm{ran}\,T} := \langle x^*, x\rangle_X \quad \text{für alle } x \in X.$$

Dieses Funktional ist wohldefiniert, denn für $x_1, x_2 \in X$ mit $Tx_1 = Tx_2$ ist $x_1 - x_2 \in \ker T$ und daher $\langle x^*, x_1 - x_2\rangle_X = 0$. Zum Nachweis der Stetigkeit verwenden wir Lemma 9.7: Da ran T abgeschlossen ist, existiert ein $C > 0$ mit $\|x\|_X \leq C\|y\|_Y$ für alle $y \in \mathrm{ran}\,T$ und ein $x \in X$ mit $Tx = y$. Daher gilt für $y \in \mathrm{ran}\,T$ beliebig und $x \in X$ entsprechend gewählt

$$|\langle y_0^*, y\rangle_{\mathrm{ran}\,T}| = |\langle y_0^*, Tx\rangle_{\mathrm{ran}\,T}| = |\langle x^*, x\rangle_X| \leq \|x^*\|_{X^*}\|x\|_X \leq C\|x^*\|_{X^*}\|y\|_Y.$$

Also ist y_0^* stetig. Da ran $T \subset Y$ ein Unterraum ist, können wir nun y_0^* mit Hilfe des Fortsetzungssatzes 8.2 stetig zu einem Funktional $y^* \in Y^*$ fortsetzen. Dann gilt

$$\langle x^*, x\rangle_X = \langle y_0^*, Tx\rangle_{\mathrm{ran}\,T} = \langle y^*, Tx\rangle_Y = \langle T^*y^*, x\rangle_X \qquad \text{für alle } x \in X$$

und damit $x^* = T^*y^*$, d.h. $x^* \in \mathrm{ran}\,T^*$.

(iv) $\Rightarrow$ (iii) folgt wieder direkt aus der Abgeschlossenheit von Annihilatoren.

(iii) $\Rightarrow$ (i): Wir zeigen ran $T = \mathrm{cl}\,(\mathrm{ran}\,T) =: U$. Dafür konstruieren wir einen Operator $S \in L(X, U)$ durch $Sx := Tx$ für alle $x \in X$, so dass S dichtes Bild ran $S = \mathrm{ran}\,T \subset U$ hat, und zeigen, dass S surjektiv (d.h. ran $T = \mathrm{ran}\,S = U$) ist. Für beliebige $y^* \in Y^*$ bezeichnen wir die Einschränkung auf $U \subset Y$ mit $y^*|_U \in U^*$; dann gilt

$$\langle T^*y^*, x\rangle_X = \langle y^*, Tx\rangle_Y = \langle y^*|_U, Sx\rangle_U = \langle S^*y^*|_U, x\rangle_X \qquad \text{für alle } x \in X,$$

d.h. $T^*y^* = S^*y^*|_U$ und damit ist ran $T^* \subset \mathrm{ran}\,S^*$. Sei umgekehrt $u^* \in U^*$ und damit $S^*u^* \in \mathrm{ran}\,S^*$ beliebig. Dann kann u^* mit dem Fortsetzungssatz 8.2 stetig zu einem $y^* \in Y^*$ fortgesetzt werden; analog zu oben gilt dann

$$\langle S^*u^*, x\rangle_X = \langle u^*, Sx\rangle_U = \langle y^*, Tx\rangle_Y = \langle T^*y^*, x\rangle_X \qquad \text{für alle } x \in X,$$

d.h. $S^*u^* = T^*y^*$ und damit ran $S^* \subset \mathrm{ran}\,T^*$. Da ran S nach Konstruktion dicht in U liegt, erhalten wir aus Folgerung 8.6, Satz 9.6 (ii) und Folgerung 8.8 also

$$\{0\} = (\mathrm{ran}\,S)^\perp = ((\ker S^*)_\perp)^\perp = \mathrm{cl}\,\ker S^* = \ker S^*.$$

Also ist S^* injektiv und, da ran $S^* = $ ran T^* nach Voraussetzung abgeschlossen ist, nach
Folgerung 5.7 stetig invertierbar. Für alle $u^* \in U^*$ gilt also

$$\|u^*\|_{U^*} = \|S^{-*}S^*u^*\|_{U^*} \leq \|S^{-*}\|_{L(X^*,U^*)}\|S^*u^*\|_{X^*}.$$

Damit ist die Voraussetzung von Lemma 9.9 mit $c := \|S^{-*}\|_{L(X^*,U^*)}^{-1}$ erfüllt, also ist S
surjektiv. Wir erhalten dadurch ran $S = U = \mathrm{cl}\,(\mathrm{ran}\,T)$, d. h. ran $T = $ ran S ist abgeschlossen.   □

In der Praxis wird der Satz vom abgeschlossenen Bild oft angewendet, indem man die Voraussetzung von Folgerung 9.8 sowie Injektivität von T^* nachweist; aus ersterem erhält man
die Injektivität, aus letzterem zusammen mit der Abgeschlossenheit des Bildes die Surjektivität von T. Damit hat die Gleichung $Tx = y$ für alle $y \in Y$ eine eindeutige Lösung, und
es gilt die *a priori Abschätzung* $\|x\|_X \leq C\|y\|_Y$. Dies liefert ein fundamentales Werkzeug
in der Theorie partieller Differentialgleichungen.

Aufgaben

Aufgabe 9.1 *Beispiele adjungierter Operatoren*
Bestimmen Sie jeweils den adjungierten Operator zu

(i) $A : \ell^1(\mathbb{K}) \to \ell^1(\mathbb{K}), \quad \{x_k\}_{k\in\mathbb{N}} \mapsto \left(\sum_{k=1}^{\infty} x_k, 0, 0, \dots \right);$

(ii) $B : \ell^2(\mathbb{K}) \to \ell^2(\mathbb{K}), \quad \{x_k\}_{k\in\mathbb{N}} \mapsto \left\{ \frac{1}{k^2} \sum_{j=1}^{k} x_j \right\}_{k\in\mathbb{N}}.$

Aufgabe 9.2 *Rechenregeln für adjungierte Operatoren (Lemma 9.3)*
Seien X, Y, Z normierte Räume, $T_1, T_2 \in L(X, Y)$ und $S \in L(Y, Z)$. Dann gelten:

(i) $(T_1 + T_2)^* = T_1^* + T_2^*;$
(ii) $(\lambda T_1)^* = \lambda T_1^*$ für alle $\lambda \in \mathbb{K};$
(iii) $(S \circ T_1)^* = T_1^* \circ S^*.$

Aufgabe 9.3 *Stetige Einbettungen*
Seien X, Y normierte Räume mit $X \hookrightarrow Y$ dicht in Y. Zeigen Sie, dass der *Einschränkungsoperator*

$$R : Y^* \to X^*, \quad y^* \mapsto y^*|_X,$$

stetig und injektiv ist (d. h. $Y^* \hookrightarrow X^*$).

Aufgabe 9.4 *Adjungierte Operatoren*
Seien X und Y Banachräume und

(i) entweder $A : X \to Y$ und $B : Y^* \to X^*$ gegeben, so dass

$$\langle y^*, A(x) \rangle_Y = \langle B(y^*), x \rangle_X \quad \text{für alle } x \in X \text{ und } y^* \in Y^*,$$

(ii) oder $A : X \to Y^*$ und $B : Y \to X^*$ gegeben, so dass

$$\langle A(x), y \rangle_Y = \langle B(y), x \rangle_X \quad \text{für alle } x \in X \text{ und } y \in Y.$$

Zeigen Sie, dass in beiden Fällen A und B linear und stetig sind.

Aufgabe 9.5 *Satz von Banach–Nečas–Babuška*
Seien X und Y Banachräume. Zeigen Sie, dass ein Operator $T \in L(X, Y)$ genau dann invertierbar ist, wenn die folgenden beiden Eigenschaften gelten:

(i) es existiert ein $\alpha > 0$ mit

$$\|Tx\|_Y \geq \alpha \|x\|_X \quad \text{für alle } x \in X;$$

(ii) $\ker T^* = \{0\}$.

Zeigen Sie weiter, dass aus diesen Eigenschaften insbesondere $\|T^{-1}\|_{L(Y,X)} \leq \alpha^{-1}$ folgt.

Reflexivität

10

Wie wir in den letzten Kapiteln gesehen haben, ist der Dualraum X^* eines normierten Vektorraums X von Interesse, da er X in gewisser Weise charakterisiert. In der selben Weise wird natürlich X^* durch seinen Dualraum $(X^*)^*$ charakterisiert, und man kann sich nun fragen, inwiefern dies transitiv ist, d. h. was der *Bidualraum* $X^{**} := (X^*)^*$ von X über X aussagt.

Wie schauen die Elemente von X^{**} aus? Zunächst betrachten wir für $x \in X$ und $x^* \in X^*$ die duale Paarung $\langle x^*, x \rangle_X \in \mathbb{K}$. Hält man x^* fest, so erhält man eine stetige lineare Abbildung von X nach $\mathbb{K}$ (nämlich x^*; so war die duale Paarung ja definiert). Man kann aber auch x festhalten und erhält so eine lineare Abbildung x^{**} von X^* nach $\mathbb{K}$; wegen

$$x^{**}(x^*) := \langle x^*, x \rangle_X \leq \|x^*\|_{X^*} \|x\|_X \quad \text{für alle } x^* \in X^* \tag{10.1}$$

ist diese auch stetig. Es existiert also eine *kanonische Einbettung*

$$J_X : X \to X^{**}, \quad \langle J_X(x), x^* \rangle_{X^*} = \langle x^*, x \rangle_X \quad \text{für } x^* \in X^*.$$

Man vergewissert sich leicht, dass J_X linear und wegen (10.1) auch stetig ist. Es gilt sogar noch mehr: Aus Folgerung 8.4 erhalten wir

$$\|x\|_X = \max_{x^* \in B_{X^*}} |\langle x^*, x \rangle_X| = \max_{x^* \in B_{X^*}} |\langle J_X x, x^* \rangle_{X^*}| = \|J_X x\|_{X^{**}},$$

und damit ist J_X eine Isometrie (und daher injektiv). Wir halten dies fest als

Satz 10.1 *Die kanonische Einbettung $J_X : X \to X^{**}$ ist linear, injektiv und isometrisch.*

© Springer Nature Switzerland AG 2019
C. Clason, *Einführung in die Funktionalanalysis,* Mathematik Kompakt,
https://doi.org/10.1007/978-3-030-24876-5_10

Das Bild ran J_X ist ein Unterraum von X^{**}. Da J_X isometrisch und X^{**} als Dualraum stets ein Banachraum ist, ist ran J_X vollständig genau dann, wenn X vollständig ist; ersteres ist nach Lemma 3.5 genau dann der Fall, wenn ran J_X abgeschlossen in X^{**} ist. Ist X nicht vollständig, können wir cl ran $J_X \subset X^{**}$ als „Vervollständigung" von X ansehen.

Im Allgemeinen ist ran J_X ein echter Unterraum, da J_X nicht surjektiv sein muss. Ist J_X surjektiv, so heißt X *reflexiv*. In diesem Fall ist J_X sogar ein isometrischer Isomorphismus; es gilt also $X \cong X^{**}$. Beachten Sie, dass $X \cong X^{**}$ alleine noch *nicht* bedeutet, dass X reflexiv ist: Für die Reflexivität muss die Isometrie zwingend durch die kanonische Einbettung vermittelt werden.

Beispiel 10.2

(i)   Alle endlichdimensionalen Räume sind reflexiv, denn es gilt stets

$$\dim(X^{**}) = \dim(X^*) = \dim(X),$$

und daher folgt aus der Injektivität von J_X bereits die Surjektivität.

(ii) Die Folgenräume $\ell^p(\mathbb{K})$ sind reflexiv für $1 < p < \infty$. Dafür verwenden wir die Isometrien $T_p : \ell^q(\mathbb{K}) \to \ell^p(\mathbb{K})^*$ und $T_q : \ell^p(\mathbb{K}) \to \ell^q(\mathbb{K})^*$ aus Satz 7.1. Aus der Definition folgt

$$\langle T_q x, y \rangle_{\ell^q} = \sum_{k=1}^{\infty} x_k y_k = \langle T_p y, x \rangle_{\ell^p} \qquad \text{für alle } x \in \ell^p(\mathbb{K}),\ y \in \ell^q(\mathbb{K}).$$

Für $x^{**} \in \ell^p(\mathbb{K})^{**}$ setzen wir nun $x := T_q^{-1} T_p^* x^{**}$ und zeigen $J_{\ell^p} x = x^{**}$. Für $x^* \in \ell^p(\mathbb{K})^*$ beliebig setze $y := T_p^{-1} x^* \in \ell^q$. Dann gilt

$$\langle J_{\ell^p} x, x^* \rangle_{(\ell^p)^*} = \langle x^*, x \rangle_{\ell^p} = \langle T_p y, x \rangle_{\ell^p} = \langle T_q x, y \rangle_{\ell^q}$$
$$= \langle T_p^* x^{**}, y \rangle_{\ell^q} = \langle x^{**}, T_p y \rangle_{(\ell^p)^*} = \langle x^{**}, x \rangle_{(\ell^p)^*}.$$

Also ist $J_{\ell^p} = T_p^{-*} T_q$ surjektiv.

(iii) Ebenso zeigt man, dass $L^p(\Omega)$ reflexiv ist für $1 < p < \infty$.

(iv) Nicht reflexiv sind $\ell^1(\mathbb{K})$, $\ell^\infty(\mathbb{K})$, $c_0(\mathbb{K})$, $c(\mathbb{K})$ sowie $L^1(\Omega)$, $L^\infty(\Omega)$, $C_b(X)$; dies folgt aus den nächsten drei Sätzen.

Analog zum Bidualraum können wir auch für $T \in L(X, Y)$ einen *biadjungierten Operator* $T^{**} \in L(X^{**}, Y^{**})$ definieren. Dieser ist verträglich mit der kanonischen Einbettung.

Lemma 10.3 *Seien X, Y normierte Räume und $T \in L(X, Y)$. Dann gilt*

$$T^{**} \circ J_X = J_Y \circ T.$$

Beweis Für beliebige $x \in X$ und $y^* \in Y^*$ gilt

$$\langle T^{**}J_X x, y^* \rangle_{Y^*} = \langle J_X x, T^* y^* \rangle_{X^*} = \langle T^* y^*, x \rangle_X = \langle y^*, Tx \rangle_Y = \langle J_Y Tx, y^* \rangle_{Y^*}. \qquad \square$$

Wir zeigen nun einige Resultate über die „Vererbung" der Reflexivität.

Satz 10.4 *Seien X ein normierter Vektorraum und Y ein reflexiver Banachraum mit* $X \simeq Y$. *Dann ist auch X reflexiv.*

Beweis Ist $T : X \to Y$ ein Isomorphismus, d. h. stetig invertierbar, so ist nach Satz 9.4 auch T^* und damit T^{**} stetig invertierbar. Aus Lemma 10.3 folgt nun, dass J_X stetig invertierbar und damit surjektiv ist genau dann, wenn es J_Y ist. $\qquad \square$

Satz 10.5 *Sei X ein reflexiver Banachraum und* $U \subset X$ *ein abgeschlossener Unterraum. Dann ist auch U reflexiv.*

Beweis Sei $u^{**} \in U^{**}$ beliebig. Da wir jedes stetige lineare Funktional $x^* \in X^*$ durch Einschränkung auf U auch als Funktional $x^*|_U \in U^*$ auffassen dürfen, können wir ein $x^{**} \in X^{**}$ definieren durch

$$\langle x^{**}, x^* \rangle_{X^*} = \langle u^{**}, x^*|_U \rangle_{U^*} \qquad \text{für alle } x^* \in X^*. \tag{10.2}$$

Nun ist X reflexiv und damit existiert ein $x := J_X^{-1} x^{**} \in X$. Wir zeigen nun $x \in U$. Angenommen, $x \notin U$. Dann gibt es nach Folgerung 8.5 ein $x^* \in U^\perp$ mit $\langle x^*, x \rangle_X \neq 0$. Insbesondere ist dann $x^*|_U = 0$, und zusammen mit (10.2) erhalten wir daraus den Widerspruch

$$0 = \langle u^{**}, x^*|_U \rangle_{U^*} = \langle x^{**}, x^* \rangle_{X^*} = \langle x^*, x \rangle_X \neq 0.$$

Also gilt $x \in U$, und es bleibt $J_U x = u^{**}$ zu zeigen. Sei dafür $u^* \in U^*$ gegeben. Nach dem Fortsetzungssatz 8.2 von Hahn–Banach existiert dann ein $x^* \in X^*$ mit $x^*|_U = u^*$. Damit gilt

$$\langle J_U x, u^* \rangle_{U^*} = \langle u^*, x \rangle_X = \langle x^*, x \rangle_X = \langle J_X x, x^* \rangle_{X^*}$$
$$= \langle x^{**}, x^* \rangle_{X^*} = \langle u^{**}, x^*|_U \rangle_{U^*} = \langle u^{**}, u^* \rangle_{U^*},$$

d. h. $J_U x = u^{**}$. $\qquad \square$

> **Satz 10.6** *Sei X ein Banachraum. Dann ist X reflexiv genau dann, wenn X^* reflexiv ist.*

Beweis Sei X reflexiv. Wir müssen zeigen, dass $J_{X^*} : X^* \to X^{***}$ surjektiv ist. Sei dafür $x^{***} \in X^{***}$ beliebig, und setze $x^* := J_X^* x^{***} \in X^*$. Da X reflexiv ist, existiert für jedes $x^{**} \in X^{**}$ ein $x := J_X^{-1} x^{**} \in X$. Dann gilt

$$\langle x^{***}, x^{**} \rangle_{X^{**}} = \langle x^{***}, J_X x \rangle_{X^{**}} = \langle J_X^* x^{***}, x \rangle_X = \langle x^*, x \rangle_X$$
$$= \langle J_X x, x^* \rangle_{X^*} = \langle x^{**}, x^* \rangle_{X^*} = \langle J_{X^*} x^*, x^{**} \rangle_{X^{**}}$$

und daher $x^{***} = J_{X^*} x^*$.

Sei nun umgekehrt X^* reflexiv. Dann ist nach dem eben gezeigten X^{**} reflexiv. Damit ist der abgeschlossene (da X vollständig) Unterraum $\operatorname{ran} J_X \subset X^{**}$ nach Satz 10.5 ebenfalls reflexiv. Da X und $\operatorname{ran} J_X$ isometrisch isomorph sind (denn durch das eingeschränkte Bild ist J_X stets surjektiv und damit nach Satz 10.1 ein Isomorphismus), ist X nach Satz 10.4 auch reflexiv. $\square$

Aus diesen Resultaten folgt wie schon behauptet, dass $\ell^1(\mathbb{K})$ nicht reflexiv sein kann: Ansonsten wäre $\ell^\infty(\mathbb{K})^* \cong (\ell^1(\mathbb{K})^*)^* \cong \ell^1(\mathbb{K})$ nach Satz 3.15 separabel und damit nach Folgerung 8.7 auch $\ell^\infty(\mathbb{K})$, was aber (ebenfalls nach Satz 3.15) nicht der Fall ist. Dann können aber nach Satz 10.6 auch $\ell^\infty(\mathbb{K})$ und $c_0(\mathbb{K})$ nicht reflexiv sein, denn $\ell^\infty(\mathbb{K}) \cong \ell^1(\mathbb{K})^*$ und $c_0(\mathbb{K})^* \cong l^1(\mathbb{K})$. Schließlich ist $c_0(\mathbb{K})$ ein nicht-reflexiver abgeschlossener Unterraum von $c(\mathbb{K})$, welcher damit nach Satz 10.5 auch nicht reflexiv sein kann. Analog argumentiert man für die Funktionenräume.

Aufgaben

Aufgabe 10.1 *Operatornorm in reflexiven Räumen*
Sei X ein reflexiver Banachraum. Zeigen Sie, dass gilt

$$\|x^*\|_{X^*} = \max_{x \in B_X} |\langle x^*, x \rangle_X| \qquad \text{für alle } x^* \in X^*,$$

d. h. das Maximum in der Definition der Operatornorm wird stets angenommen.

Aufgabe 10.2   *Operatornorm in nicht-reflexiven Räumen*
Sei $x^* \in c_0(\mathbb{R})$ gegeben durch

$$\langle x^*, x \rangle_X := \sum_{k=1}^{\infty} 2^{-k} x_k \quad \text{für alle } x \in c_0(\mathbb{R}).$$

Zeigen Sie, dass für x^* das Supremum in der Operatornorm *nicht* angenommen wird.

Aufgabe 10.3   *Reflexivität von Quotientenräumen*
Sei X ein reflexiver Banachraum und $U \subset X$ ein abgeschlossener Unterraum. Zeigen Sie, dass dann auch X/U reflexiv ist.

Aufgabe 10.4   *Nicht-adjungierte Operatoren*

(i) Seien X, Y normierte Räume. Zeigen Sie, dass $S \in L(Y^*, X^*)$ genau dann ein adjungierter Operator ist, wenn
$$\operatorname{ran}(S^* \circ J_X) \subset \operatorname{ran} J_Y$$
gilt, wobei J_X die kanonische Einbettung von X in X^{**} bezeichnet.
(ii) Geben Sie ein Beispiel für einen stetigen linearen Operator an, der kein adjungierter Operator ist.

Schwache Konvergenz

11

Wir kommen nun zu der versprochenen Verallgemeinerung der komponentenweisen Konvergenz auf unendlichdimensionale Vektorräume, mit deren Hilfe wir ein analoges Resultat zum Satz 2.5 von Heine–Borel beweisen können. Wie wir in Kap. 7 argumentiert haben, sind stetige Funktionale das unendlichdimensionale Pendant zur Komponentenauswertung; entsprechend definieren wir unseren Konvergenzbegriff.

Sei X ein normierter Raum und $\{x_n\}_{n\in\mathbb{N}} \subset X$ eine Folge. Wir sagen, $\{x_n\}_{n\in\mathbb{N}}$ *konvergiert schwach* in X gegen ein $x \in X$ falls gilt

$$\lim_{n\to\infty} \langle x^*, x_n\rangle_X = \langle x^*, x\rangle_X \qquad \text{für alle } x^* \in X^*$$

und schreiben $x_n \rightharpoonup x$. Analog sagen wir, die Folge $\{x_n^*\}_{n\in\mathbb{N}} \subset X^*$ *konvergiert schwach-** in X^*, falls

$$\lim_{n\to\infty} \langle x_n^*, x\rangle_X = \langle x^*, x\rangle_X \qquad \text{für alle } x \in X$$

und schreiben $x_n^* \rightharpoonup^* x^*$. Diese Grenzwerte sind stets eindeutig. Für die schwach-* Konvergenz folgt dies direkt aus der Definition: Gilt $x_n^* \rightharpoonup^* x^*$ und $x_n^* \rightharpoonup^* y^*$, so ist

$$\langle x^*, x\rangle_X = \lim_{n\to\infty} \langle x_n^*, x\rangle_X = \langle y^*, x\rangle_X \qquad \text{für alle } x \in X$$

und damit nach Definition $x^* = y^*$. Ist $x_n \rightharpoonup x$ und $x_n \rightharpoonup y$, so gilt analog

$$\langle x^*, x\rangle_X = \langle x^*, y\rangle_X \qquad \text{für alle } x^* \in X^*.$$

Wäre nun aber $x \neq y$, so existiert nach Folgerung 8.5 ein $x^* \in X^*$ mit $\langle x^*, x - y\rangle_X \neq 0$, im Widerspruch zur obigen Gleichung. Ist X reflexiv, so stimmen schwache Konvergenz (in X) und schwach-* Konvergenz (in X^{**}) überein; in endlichdimensionalen Räumen fallen alle Konvergenzbegriffe zusammen.

© Springer Nature Switzerland AG 2019
C. Clason, *Einführung in die Funktionalanalysis*, Mathematik Kompakt,
https://doi.org/10.1007/978-3-030-24876-5_11

Zur besseren Unterscheidung nennen wir Folgen *stark konvergent,* wenn sie bezüglich der durch die Norm induzierten Metrik konvergieren. Jede Folge, die stark in X konvergiert, konvergiert auch schwach; dies folgt sofort aus

$$\langle x^*, x_n - x \rangle_X \leq \|x^*\|_{X^*} \|x_n - x\|_X \to 0.$$

Genauso folgt aus der starken Konvergenz in X^* die schwach-$*$ Konvergenz. Die Umkehrung gilt dagegen nicht.

Beispiel 11.1
Betrachten wir die Folge der Einheitsvektoren $\{e_n\}_{n \in \mathbb{N}} \subset \ell^p(\mathbb{K})$, $1 \leq p \leq \infty$, so gilt $\|e_n\|_p = 1$ für alle $n \in \mathbb{N}$; weiter ist $\{e_n\}_{n \in \mathbb{N}}$ für kein p eine Cauchy-Folge.

Für $1 < p < \infty$ können wir nun die Darstellung des Dualraums $\ell^p(\mathbb{K})^* \cong \ell^q(\mathbb{K})$ verwenden: Für jedes $x^* \in \ell^p(\mathbb{K})^*$ existiert ein $y \in \ell^q(\mathbb{K})$ mit

$$\langle x^*, e_n \rangle_{\ell^p} = \sum_{k=1}^{\infty} y_k (e_n)_k = y_n \to 0,$$

denn wenn $\|y\|_q$ endlich ist, muss $\{y_k\}_{k \in \mathbb{N}}$ eine Nullfolge sein. Also gilt $e_n \rightharpoonup 0$ in $\ell^p(\mathbb{K})$ für $1 < p < \infty$ und damit auch $e_n \overset{*}{\rightharpoonup} 0$.

Da $\ell^1(\mathbb{K})$ nicht reflexiv ist, haben wir hier die Wahl: Fassen wir $e_n \in \ell^1(\mathbb{K})$ mit Hilfe des Isomorphismus T aus Satz 7.1 als Element des Dualraums von $c_0(\mathbb{K})$ auf, so haben wir

$$\langle T e_n, y \rangle_{c_0} = \sum_{k=1}^{\infty} (e_n)_k y_k = y_n \to 0 \qquad \text{für alle } y \in c_0(\mathbb{K})$$

und damit $e_n \overset{*}{\rightharpoonup} 0$ in $\ell^1(\mathbb{K})$. Dagegen gilt *nicht* $e_n \rightharpoonup 0$, denn für die konstante Folge $y := \{1\}_{k \in \mathbb{N}} \in \ell^\infty(\mathbb{K}) \cong \ell^1(\mathbb{K})^*$ gilt

$$\langle T y, e_n \rangle_{\ell^1} = \sum_{k=1}^{\infty} (e_n)_k y_k = y_n = 1 \qquad \text{für alle } n \in \mathbb{N}.$$

Da wegen $c_0(\mathbb{K}) \subset \ell^\infty(\mathbb{K})$ als Grenzwert nur 0 in Frage kommt, kann $\{e_n\}_{n \in \mathbb{N}}$ nicht schwach konvergieren.[1]

Schwach konvergente Folgen konvergieren also nicht unbedingt bezüglich der Norm; es gilt noch nicht einmal $\|x_n\|_X \to \|x\|_X$. Wir haben aber die folgenden schwächeren Aussagen.

---

[1] In der Tat ist die schwache Konvergenz in $\ell^1(\mathbb{K})$ äquivalent zur starken Konvergenz; dies ist eine besondere Eigenschaft dieses Raums, bekannt als *Lemma von Schur,* siehe z. B. [14, Satz 10.15].

Satz 11.2 *Sei X ein normierter Raum und seien $\{x_n\}_{n \in \mathbb{N}} \subset X$ und $\{x_n^*\}_{n \in \mathbb{N}} \subset X^*$.*

(i) Aus $x_n \rightharpoonup x$ folgt $\|x\|_X \leq \liminf_{n \to \infty} \|x_n\|_X$.

(ii) Aus $x_n^* \rightharpoonup^* x^*$ folgt $\|x^*\|_{X^*} \leq \liminf_{n \to \infty} \|x_n^*\|_{X^*}$.

Beweis Wir zeigen zuerst (ii). Sei $\{x_n^*\}_{n \in \mathbb{N}} \subset X^*$ eine schwach-$*$ konvergente Folge mit $x_n^* \rightharpoonup^* x^* \in X^*$. Dann gilt auch (umgekehrte Dreiecksungleichung) $|\langle x_n^*, x \rangle_X| \to |\langle x^*, x \rangle_X|$ für alle $x \in X$ und daher

$$|\langle x^*, x \rangle_X| = \lim_{n \to \infty} |\langle x_n^*, x \rangle_X| \leq \liminf_{n \to \infty} \|x_n^*\|_{X^*} \|x\|_X.$$

Nehmen wir das Supremum über alle $x \in B_X$, folgt daraus nach Definition der Operatornorm die gewünschte Aussage.

Aussage (i) zeigt man analog mit Hilfe von Folgerung 8.4. □

Die Eigenschaft in (i) bezeichnet man als *schwache Unterhalbstetigkeit,* die in (ii) als *schwach-$*$ Unterhalbstetigkeit.*

Weiterhin sind schwach konvergente Folgen beschränkt.

Satz 11.3 *Sei X ein normierter Raum. Dann sind schwach konvergente Folgen in X beschränkt. Ist X vollständig, so sind auch schwach-$*$ konvergente Folgen in X^* beschränkt.*

Beweis Wir zeigen wieder zuerst die Aussage für X^*. Aus $x_n^* \rightharpoonup^* x^*$ folgt wieder $|\langle x_n^*, x \rangle_X| \to |\langle x^*, x \rangle_X|$ für alle $x \in X$ und daher

$$\sup_{n \in \mathbb{N}} |\langle x_n^*, x \rangle_X| < \infty \quad \text{für alle } x \in X.$$

Da X nach Annahme und X^* als Dualraum Banachräume sind und die Abbildung $x^* \mapsto \langle x^*, x \rangle$ für alle $x \in X$ linear und stetig ist, folgt aus dem Satz 5.3 von Banach–Steinhaus

$$\sup_{n \in \mathbb{N}} \|x_n^*\|_{X^*} < \infty,$$

d. h. $\{x_n^*\}_{n \in \mathbb{N}}$ ist beschränkt.

Die Aussage für die schwache Konvergenz führen wir mit Hilfe der kanonischen Einbettung $J_X : X \to X^{**}$ zurück auf die schwach-$*$ Konvergenz (in X^{**}): Konvergiert $\{x_n\}_{n \in \mathbb{N}} \subset X$ schwach mit $x_n \rightharpoonup x$, so folgt daraus

$$\langle J_X x_n - J_X x, x^* \rangle_{X^*} = \langle J_X (x_n - x), x^* \rangle_{X^*} = \langle x^*, x_n - x \rangle_X \to 0 \qquad \text{für alle } x^* \in X^*,$$

d.h. $\{J_X x_n\}_{n \in \mathbb{N}}$ konvergiert schwach-$*$ in X^{**}. Da J_X nach Satz 10.1 eine Isometrie ist, folgt aus der zuerst gezeigten Aussage

$$\sup_{n \in \mathbb{N}} \|x_n\|_X = \sup_{n \in \mathbb{N}} \|J_X x_n\|_{X^{**}} < \infty,$$

d.h. $\{x_n\}_{n \in \mathbb{N}}$ ist beschränkt. $\square$

Aus Satz 11.3 folgt zum Beispiel, dass die duale Paarung von schwach konvergenten Folgen noch konvergiert, solange wenigstens eine davon stark konvergiert.

Folgerung 11.4 *Sei X ein normierter Raum und seien $\{x_n\}_{n \in \mathbb{N}} \subset X$ und $\{x_n^*\}_{n \in \mathbb{N}} \subset X^*$. Gilt entweder*

(i) $x_n \rightharpoonup x$ und $x_n^* \to x^*$ oder
(ii) $x_n \to x$ und $x_n^* \rightharpoonup^* x^*$,

so konvergiert $\langle x_n^*, x_n \rangle_X \to \langle x^*, x \rangle$.

Beweis Gilt (i), so schätzen wir mit der produktiven Null $-\langle x^*, x_n \rangle_X + \langle x^*, x_n \rangle_X$ ab

$$|\langle x^*, x \rangle_X - \langle x_n^*, x_n \rangle_X| \leq |\langle x^*, x - x_n \rangle_X| + |\langle x_n^* - x^*, x_n \rangle_X|$$
$$\leq |\langle x^*, x - x_n \rangle_X| + \|x_n\|_X \|x_n^* - x^*\|_{X^*}.$$

Für $n \to \infty$ verschwindet der erste Summand wegen $x_n \rightharpoonup x$; nach Satz 11.3 ist $\{\|x_n\|_X\}_{n \in \mathbb{N}}$ beschränkt, und wegen $x_n^* \to x^*$ verschwindet daher auch der zweite Term.

Analog beweist man die Aussage unter Voraussetzung (ii). $\square$

Dagegen folgt im allgemeinen aus $x_n \rightharpoonup x$ und $x_n^* \rightharpoonup x^*$ *nicht* $\langle x_n^*, x_n \rangle_X \to \langle x^*, x \rangle_X$. Als Beispiel betrachte wieder die Einheitsvektoren in $\ell^2(\mathbb{K}) \cong \ell^2(\mathbb{K})^*$, für die nach dem obigen Beispiel $e_n \rightharpoonup 0$ und $e_n \rightharpoonup^* 0$, aber $\langle T e_n, e_n \rangle_{\ell^2} = \sum_{k=1}^{\infty} (e_n)_k^2 = 1$ gelten.

Das Beispiel zeigt auch, dass die abgeschlossene Menge $S_{\ell^2} := \{x \in \ell^2 : \|x\|_2 = 1\}$ nicht *schwach (folgen-)abgeschlossen* ist, d. h. für $\{x_n\}_{n \in \mathbb{N}} \subset S_{\ell^2}$ mit $x_n \rightharpoonup x$ nicht unbedingt $x \in S_{\ell^2}$ gelten muss (vergleiche Satz 11.2). Dies liegt daran, dass diese Menge nicht konvex ist.

Satz 11.5 *Sei X ein normierter Raum und $U \subset X$ konvex. Dann ist U genau dann abgeschlossen, wenn U schwach abgeschlossen ist.*

Beweis Da eine konvergente Folge stets auch schwach konvergiert, ist jede schwach abgeschlossene Menge auch abgeschlossen.[2] Sei daher $U \subset X$ konvex und abgeschlossen, und betrachte eine Folge $\{x_n\}_{n \in \mathbb{N}} \subset U$ mit $x_n \rightharpoonup x \in X$. Angenommen, $x \in X \setminus U$. Dann finden wir nach dem strikten Trennungssatz (Satz 8.11) ein $x^* \in X^*$ und ein $\alpha \in \mathbb{R}$ mit insbesondere

$$\operatorname{Re}\langle x^*, x_n \rangle_X \leq \alpha < \operatorname{Re}\langle x^*, x \rangle_X \quad \text{für alle } n \in \mathbb{N}.$$

Wegen $x_n \rightharpoonup x$ können wir in der ersten Ungleichung zum Grenzwert $n \to \infty$ übergehen und erhalten dadurch den Widerspruch

$$\operatorname{Re}\langle x^*, x \rangle_X \leq \alpha < \operatorname{Re}\langle x^*, x \rangle_X. \qquad \square$$

Dagegen sind abgeschlossene konvexe Teilmengen von X^* in der Regel nicht schwach-$*$ abgeschlossen. (Eine Ausnahme bildet wegen Satz 11.2 (ii) die Einheitskugel B_{X^*}.)

Wir kommen nun zu den versprochenen schwachen Kompaktheitsresultaten. Wir nennen eine Teilmenge $U \subset X$ *schwach folgenkompakt*, wenn jede Folge in U eine schwach konvergente Teilfolge mit Grenzwert in U enthält. Analog definieren wir *schwach-$*$ folgenkompakte* Teilmengen von X^*.

Satz 11.6 (Banach–Alaoglu[3]) *Sei X ein normierter Raum. Ist X separabel, so ist die Einheitskugel B_{X^*} in X^* schwach-$*$ folgenkompakt.*

---

[2] Schwache Abgeschlossenheit ist also eine *stärkere* Eigenschaft als Abgeschlossenheit.

[3] Diese Namensgebung ist streng genommen nicht korrekt: Das von Alaoglu bewiesene Resultat garantiert die *Überdeckungskompaktheit* der Einheitskugel in der schwach-$*$ Topologie, und sein Beweis verwendet daher auch schwereres Gerät. Die hier zitierte Aussage hat dagegen schon Banach bewiesen. Für metrische Räume ist die schwach-$*$ Topologie auf der Einheitskugel aber ebenfalls

Beweis Die Aussage erinnert an den Satz 2.11 von Arzelà–Ascoli: stetige lineare Funktionale sind Elemente in $C(X)$, die Beschränktheit in der Operatornorm entspricht der gleichgraden Stetigkeit, und anstelle der Kompaktheit können wir gleich die Separabilität von X nutzen. Der Beweis verläuft daher analog.

Sei $\{x_n^*\}_{n \in \mathbb{N}} \subset B_{X^*}$ eine Folge und $\{x_m : m \in \mathbb{N}\} \subset X$ eine dichte Teilmenge. Für alle $m \in \mathbb{N}$ gilt $|\langle x_n^*, x_m \rangle_X| \leq \|x_m\|_X$, daher sind die Folgen $\{\langle x_n^*, x_m \rangle_X\}_{n \in \mathbb{N}} \subset \mathbb{K}$ beschränkt und enthalten wegen der Vollständigkeit von $\mathbb{K}$ jeweils eine konvergente Teilfolge, deren Grenzwert wir mit $\langle x^*, x_m \rangle_X$ bezeichnen (dies impliziert noch nicht die Existenz eines Grenzwertes $x^* \in X^*$!) Genau wie im Beweis von Satz 2.11 konstruiert man daraus eine Diagonalfolge $\{z_n^*\}_{n \in \mathbb{N}} \subset B_{X^*}$ mit $\langle z_n^*, x_m \rangle_X \to \langle x^*, x_m \rangle_X$ für alle $m \in \mathbb{N}$. Wir suchen nun den schwach-$*$ Grenzwert $x^* \in X^*$ dieser Diagonalfolge.

Dafür betrachten wir zuerst den Unterraum $Z = \mathrm{span}\,\{x_m : m \in \mathbb{N}\}$ und definieren ein lineares Funktional

$$z^* : Z \to \mathbb{K}, \qquad \langle z^*, z \rangle_X := \lim_{n \to \infty} \langle z_n^*, z \rangle_X \quad \text{für alle } z \in Z.$$

Dieses Funktional ist wohldefiniert, da alle $z \in Z$ Linearkombinationen der x_m sind und wir daher den rechten Grenzwert durch die entsprechende Linearkombination der $\langle x^*, x_m \rangle_X$ ausdrücken können. Außerdem ist $|\langle z_n^*, z \rangle_X| \leq \|z\|_X$ und daher auch $|\langle z^*, z \rangle_X| \leq \|z\|_X$ für alle $z \in Z$, also ist z^* stetig mit $\|z^*\|_{Z^*} \leq 1$. Dieses Funktional setzen wir nun mit Hilfe des Fortsetzungssatzes 8.2 von Hahn–Banach zu einem Funktional $x^* \in B_{X^*}$ fort.

Bleibt zu zeigen, dass $x_n^* \rightharpoonup^* x^*$ gilt. Seien dafür $x \in X$ und $\varepsilon > 0$ beliebig. Da Z dicht in X liegt, finden wir ein $z \in Z$ mit $\|z - x\|_X \leq \varepsilon$. Aus der Konvergenz $\langle z_n^*, z \rangle_X \to \langle z^*, z \rangle_X$ erhalten wir weiterhin ein $N \in \mathbb{N}$ mit $|\langle z_n^* - z^*, z \rangle_X| \leq \varepsilon$ für alle $n \geq N$. Daraus folgt nun

$$
\begin{aligned}
|\langle x^*, x \rangle_X - \langle z_n^*, x \rangle_X| &\leq |\langle x^* - z_n^*, x - z \rangle_X| + |\langle x^* - z_n^*, z \rangle_X| \\
&\leq (\|x^*\|_{X^*} + \|z_n^*\|_{X^*})\|x - z\|_X + |\langle z^* - z_n^*, z \rangle_X| \\
&\leq 2\varepsilon + \varepsilon = 3\varepsilon
\end{aligned}
$$

für $n \geq N$. Also gilt $\langle z_n^*, x \rangle_X \to \langle x^*, x \rangle_X$ für alle $x \in X$ und damit $z_n^* \rightharpoonup^* x^*$. □

Die Separabilität von X ist dabei unverzichtbar: Betrachte zum Beispiel die Funktionale $e_n^* \in \ell^\infty(\mathbb{K})^*$ mit $\langle e_n^*, x \rangle_{\ell^\infty} = x_n$. Dann gilt $\|e_n^*\|_{(\ell^\infty)^*} = 1$, aber da Folgen in $\ell^\infty(\mathbb{K})$ nicht konvergieren müssen, enthält $\{e_n^*\}_{n \in \mathbb{N}}$ keine schwach-$*$ konvergente Teilfolge.

Durch Skalierung erhält man aus Satz 11.6, dass jede abgeschlossene Kugel in X^* schwach-$*$ folgenkompakt ist. Insbesondere gilt der „schwach-$*$ Satz von Bolzano–Weierstraß".

---

metrisierbar, so dass beide Aussagen äquivalent sind. In der Literatur wird daher auch dieser Spezialfall zumeist unter dem allgemeinen Namen zitiert.

Folgerung 11.7 *Ist X ein separabler normierter Raum, so hat jede beschränkte Folge in X^* eine schwach-$*$ konvergente Teilfolge.*

Da ein reflexiver Raum isomorph zum Dualraum seines Dualraums ist, erhalten wir daraus auch die schwache Folgenkompaktheit der entsprechenden Einheitskugel.

Satz 11.8 (Eberlein–Šmulian[4]) *Sei X ein normierter Raum. Ist X reflexiv, so ist die Einheitskugel B_X schwach folgenkompakt.*

Beweis Wir führen die Aussage zurück auf Satz 11.6 von Banach–Alaoglu, brauchen dafür aber die Separabilität, weshalb wir nicht direkt für $X^{**} \cong X$ argumentieren können. Sei $\{x_n\}_{n\in\mathbb{N}} \subset B_X$ und betrachte $U := \mathrm{cl}\,(\mathrm{span}\,\{x_n : n \in \mathbb{N}\})$. Dann ist U als abgeschlossener Unterraum von X nach Satz 10.5 ebenfalls reflexiv und nach Definition separabel. Also ist $U^{**} \cong U$ separabel (denn $\{J_U x_n\}_{n\in\mathbb{N}}$ ist dicht in $U^{**} = J_U(U)$) und damit nach Folgerung 8.7 auch U^*. Die Folge $\{J_U x_n\}_{n\in\mathbb{N}} \subset U^{**}$ ist nun beschränkt in U^{**} (denn J_U ist eine Isometrie) und hat daher nach Folgerung 11.7 eine schwach-$*$ konvergente Teilfolge $\{J_U x_{n_k}\}_{k\in\mathbb{N}}$ mit $J_U x_{n_k} \rightharpoonup^* u^{**} \in U^{**}$. Da U reflexiv ist, existiert ein $x := J_U^{-1} u^{**} \in U \subset X$. Dann gilt für alle $x^* \in X^*$ wegen $u_n \in U$

$$\langle x^*, x_{n_k}\rangle_X = \langle x^*|_U, x_{n_k}\rangle_U = \langle J_U x_{n_k}, x^*|_U\rangle_{U^*}$$
$$\to \langle u^{**}, x^*|_U\rangle_{U^*} = \langle x^*|_U, x\rangle_U = \langle x^*, x\rangle_X$$

und damit $x_{n_k} \rightharpoonup x$.   □

Damit erhalten wir auch einen „schwachen Satz von Bolzano–Weierstraß".

---

[4] Auch diese Zuordnung ist eigentlich inkorrekt: Der Satz von Eberlein–Šmulian besagt, dass in einem Banachraum die schwache Folgenkompaktheit und die Überdeckungskompaktheit in der schwachen Topologie äquivalent sind. (Da die schwache Topologie im Gegensatz zur schwach-$*$ Topologie nicht metrisierbar ist, ist das eine nichttriviale Aussage.) Zusammen mit einem Satz von Goldstine, dass die Reflexivität von X äquivalent zur schwachen Überdeckungskompaktheit von B_X ist (siehe z. B. [22, Satz VIII.3.18]), folgt daraus der hier bewiesene Spezialfall (der – für separable Räume – ebenfalls bereits von Banach bewiesen wurde). Auch dieser wird trotzdem öfter unter dem angegebenen Namen angewendet.

Folgerung 11.9 *Ist X ein reflexiver normierter Raum, so hat jede beschränkte Folge in X eine schwach konvergente Teilfolge.*

Wir haben nun alles zur Hand, um den Satz von Weierstraß (Folgerung 2.9) auf unendlich-dimensionale Räume zu übertragen.

Satz 11.10 *Sei X ein reflexiver normierter Raum, $U \subset X$ beschränkt, konvex und abgeschlossen, und $f : X \to \mathbb{R}$ schwach unterhalbstetig. Dann existiert ein $\bar{x} \in U$ mit*

$$f(\bar{x}) = \min_{x \in U} f(x).$$

Beweis Da die Menge $\{f(x) : x \in U\} \subset \mathbb{R}$ nichtleer ist, existiert $M := \inf_{x \in U} f(x) < \infty$ (wobei der Fall $M = -\infty$, d.h. f ist nicht nach unten beschränkt, hier noch nicht ausgeschlossen ist). Aus den Eigenschaften des Infimums folgt dann, dass eine Folge $\{y_n\}_{n \in \mathbb{N}} \subset f(U) \subset \mathbb{R}$ existiert mit $y_n \to M$, d.h. es existiert eine Folge $\{x_n\}_{n \in \mathbb{N}} \subset U$ mit

$$f(x_n) = y_n \to M = \inf_{x \in U} f(x).$$

Eine solche Folge wird *Minimalfolge* genannt. Beachten Sie, dass wir aus der Konvergenz von $\{f(x_n)\}_{n \in \mathbb{N}}$ noch nicht auf die Konvergenz von $\{x_n\}_{n \in \mathbb{N}}$ schließen können!

Aus der Beschränktheit von U folgt insbesondere, dass die Minimalfolge beschränkt ist und daher nach Folgerung 11.9 eine schwach konvergente Teilfolge $\{x_{n_k}\}_{k \in \mathbb{N}}$ mit Grenzwert $\bar{x} \in X$ besitzt. Da U konvex und abgeschlossen ist, folgt nach Satz 11.5 aus $\{x_{n_k}\}_{k \in \mathbb{N}} \subset U$ auch $\bar{x} \in U$. Dieser Grenzwert ist Kandidat für einen Minimierer.

Aus der Definition der Minimalfolge folgt nun, dass auch für die Teilfolge $f(x_{n_k}) \to M$ gilt. Mit der schwachen Unterhalbstetigkeit von f und der Definition des Infimums erhalten wir daher

$$\inf_{x \in U} f(x) \le f(\bar{x}) \le \liminf_{k \to \infty} f(x_{n_k}) = M = \inf_{x \in U} f(x).$$

Das Infimum wird also in $\bar{x}$ angenommen, d.h. $-\infty < f(\bar{x}) = \min_{x \in U} f(x)$. $\square$

Analog können wir für X^* mit Hilfe der schwach-$*$-Konvergenz argumentieren, wenn X separabel ist. Diese (und ähnliche) Resultate sind fundamental für die Variationsrechnung.

Aufgaben

Aufgabe 11.1 *Schwache Konvergenz und Operatoren*
Seien X, Y Banachräume und $\{x_n\}_{n \in \mathbb{N}} \subset X$ mit $x_n \rightharpoonup x \in X$. Zeigen Sie, dass dann für $T \in L(X, Y)$ auch $T x_n \rightharpoonup T x$ gilt.

Aufgabe 11.2 *Schwache Cauchy-Folgen*
Sei X ein reflexiver Banachraum und $\{x_n\}_{n \in \mathbb{N}} \subset X$ eine schwache Cauchy-Folge, d. h. die Folge $\{\langle x^*, x_n \rangle_X\}_{n \in \mathbb{N}} \subset \mathbb{K}$ ist eine Cauchy-Folge für alle $x^* \in X^*$. Zeigen Sie, dass dann $\{x_n\}_{n \in \mathbb{N}}$ schwach konvergiert.

Aufgabe 11.3 *Schwache Konvergenz und dichte Teilmengen*
Zeigen Sie, dass eine beschränkte Folge $\{x_n\}_{n \in \mathbb{N}}$ in einem normierten Raum X genau dann schwach gegen $x \in X$ konvergiert, wenn es eine Teilmenge $D \subset X^*$ gibt mit $\mathrm{cl}\,(\mathrm{span}\, D) = X^*$ und

$$\lim_{n \to \infty} \langle x^*, x_n \rangle_X = \langle x^*, x \rangle_X \quad \text{für alle } x^* \in D.$$

Aufgabe 11.4 *Schwache Konvergenz*
Bestimmen Sie, ob und wenn ja, gegen welchen Grenzwert die folgenden $\{x_n\}_{n \in \mathbb{N}} \subset \ell^2(\mathbb{K})$ schwach in $\ell^2(\mathbb{K})$ konvergieren:

(i) $x_n := a + e_n$ für gegebenes $a \in \ell^2(\mathbb{K})$, wobei e_n die Einheitsvektoren in $\ell^2(\mathbb{K})$ bezeichnen;
(ii) $x_n := n e_n$.

Aufgabe 11.5 *Schwach-$*$ Konvergenz*
Sei $\{a_k\}_{k \in \mathbb{N}} \in \ell^\infty(\mathbb{K})$ und betrachte die Folge $\{x_n\}_{n \in \mathbb{N}} \subset \ell^\infty(\mathbb{K})$,

$$x_n := (0, \ldots, 0, a_{n+1}, a_{n+2}, \ldots),$$

d. h. $(x_n)_k = 0$ für alle $k \neq n$. Zeigen Sie, dass $x_k \rightharpoonup^* 0$ gilt.

Aufgabe 11.6 *Schwach-$*$ Konvergenz der Ableitung*
Für alle $\varepsilon > 0$ und $x \in C^1([-1, 1])$ sei

$$f_\varepsilon(x) = \frac{1}{2\varepsilon} \big(x(\varepsilon) - x(-\varepsilon)\big) \quad \text{und} \quad f_0(x) = x'(0),$$

wobei $C^1([-1, 1])$ mit der Norm $\|x\|_{C^1} = \|x\|_\infty + \|x'\|_\infty$ versehen sei. Zeigen oder widerlegen Sie:

(i) $f_\varepsilon \in C^1([-1, 1])^*$ für alle $\varepsilon \geq 0$;
(ii) $f_{\varepsilon_n} \rightharpoonup^* f_0$ für jede Nullfolge $\{\varepsilon_n\}_{n \in \mathbb{N}} \subset [0, \infty)$;
(iii) $f_{\varepsilon_n} \to f_0$ für jede Nullfolge $\{\varepsilon_n\}_{n \in \mathbb{N}} \subset [0, \infty)$.

Aufgabe 11.7 *Nicht schwach-$*$ abgeschlossene Mengen*
Geben Sie ein Beispiel an für eine Menge, die abgeschlossen und konvex aber nicht schwach-$*$ abgeschlossen ist.
Hinweis: Es muss sich um eine Teilmenge eines nichtreflexiven Dualraums handeln, und Kerne linearer Operatoren sind stets abgeschlossen und konvex.

Aufgabe 11.8 *Satz von Mazur*

Sei X ein normierter Raum und $\{x_n\}_{n\in\mathbb{N}} \subset X$ mit $x_n \rightharpoonup x$. Zeigen Sie: Dann existiert eine Folge $\{y_n\}_{n\in\mathbb{N}} \subset X$ von Konvexkombinationen

$$y_n = \sum_{k=1}^{N_n} \lambda_{n,k} x_k \quad \text{mit} \quad \sum_{k=1}^{N_n} \lambda_{n,k} = 1, \quad \lambda_{n,k} \geq 0, \quad N_n \in \mathbb{N},$$

mit $y_n \to x$.

Hinweis: Betrachten Sie die konvexe Hülle

$$\mathrm{co}\,\{x_n\}_{n\in\mathbb{N}} := \left\{ \sum_{k=1}^{N} \lambda_k x_k : \sum_{k=1}^{N} \lambda_k = 1, \, \lambda_k \geq 0, \, N \in \mathbb{N} \right\}.$$

Teil IV
Kompakte Operatoren in Banachräumen

Kompakte Operatoren

12

Wie wir gesehen haben, besitzt nur in endlichdimensionalen Räumen jede beschränkte Folge eine konvergente Teilfolge; in unendlichdimensionalen Räumen können wir in der Regel nur eine *schwach* konvergente Teilfolge finden. Dies liegt daran, dass in diesen Räumen Beschränktheit nicht ausreichend für Präkompaktheit ist. Diese Lücke lässt sich zu einem gewissem Ausmaß schließen, wenn wir das Bild *kompakter* Operatoren betrachten, denn diese erben wesentliche Eigenschaften endlichdimensionaler Operatoren.

Seien in X, Y Banachräume. Eine lineare Abbildung $T : X \to Y$ heißt *kompakt*, wenn T beschränkte Mengen auf relativkompakte Mengen abbildet. Da nach Satz 2.7 relativkompakte Mengen präkompakt und damit beschränkt sind, folgt nach Definition 1.7(i), dass kompakte Operatoren automatisch stetig sind.

Aus der Linearität von T folgt analog zu Lemma 4.1, dass es in der Definition genügt, die Einheitskugel zu betrachten. Außerdem können wir in metrischen Räumen die Äquivalenz von Kompaktheit und Folgenkompaktheit ausnutzen. Wir erhalten dadurch die folgenden äquivalenten Charakterisierungen.

Lemma 12.1 *Seien X, Y Banachräume und $T : X \to Y$ linear. Dann sind äquivalent:*

(i) *T ist kompakt;*

(ii) *$T(B_X)$ ist präkompakt;*

(iii) *für jede beschränkte Folge $\{x_n\}_{n \in \mathbb{N}} \subset X$ enthält $\{T x_n\}_{n \in \mathbb{N}} \subset Y$ eine konvergente Teilfolge.*

© Springer Nature Switzerland AG 2019
C. Clason, *Einführung in die Funktionalanalysis,* Mathematik Kompakt,
https://doi.org/10.1007/978-3-030-24876-5_12

Beweis (iii) $\Rightarrow$ (ii): Nach Satz 2.7 genügt es zu zeigen, dass jede Folge in $T(B_X)$ eine konvergente Teilfolge enthält. Sei $\{y_n\}_{n\in\mathbb{N}} \subset T(B_X)$. Dann existiert eine Folge $\{x_n\}_{n\in\mathbb{N}} \subset B_X$ mit $y_n = Tx_n$. Nun hat $\{Tx_n\}_{n\in\mathbb{N}}$ nach Voraussetzung eine konvergente Teilfolge $\{Tx_{n_k}\}_{k\in\mathbb{N}}$ mit $Tx_{n_k} \to y \in Y$. Also konvergiert auch $y_{n_k} = Tx_{n_k} \to y$.

(ii) $\Rightarrow$ (i): Wegen der Linearität von T folgt sofort durch Skalierung, dass $T(B_R(0))$ präkompakt ist für jedes $R > 0$. Ist nun $A \subset X$ beschränkt, so existiert nach Definition ein $R > 0$ mit $A \subset B_R(0)$. Ist nun $T(B_R(0))$ präkompakt, so auch $T(A) \subset T(B_R(0))$, und Satz 2.7 ergibt die Aussage.

(i) $\Rightarrow$ (iii): Ist T kompakt und $\{x_n\}_{n\in\mathbb{N}} \subset X$ beschränkt, so ist $T(\{x_n\}_{n\in\mathbb{N}}) = \{Tx_n\}_{n\in\mathbb{N}}$ relativkompakt und enthält daher nach Satz 2.7 eine konvergente Teilfolge. □

Manchmal ist eine alternative Formulierung der Aussage (iii) nützlich.

Lemma 12.2 *Seien X, Y Banachräume und $T : X \to Y$ linear. Ist X reflexiv, so sind äquivalent:*

(i) T ist kompakt;
(ii) T ist vollstetig, d. h. aus $x_n \rightharpoonup x$ folgt $Tx_n \to Tx$.

Ist X nicht reflexiv, so gilt noch die Implikation (i) $\Rightarrow$ (ii).

Beweis (i) $\Rightarrow$ (ii): Sei $\{x_n\}_{n\in\mathbb{N}}$ mit $x_n \rightharpoonup x \in X$. Dann ist $\{x_n\}_{n\in\mathbb{N}}$ nach Satz 11.3 beschränkt, also existiert nach Lemma 12.1 (iii) eine konvergente Teilfolge $\{Tx_{n_k}\}_{k\in\mathbb{N}}$ mit $Tx_{n_k} \to y \in Y$. Nun folgt aus der schwachen Konvergenz $x_n \rightharpoonup x$ auch

$$\langle y^*, Tx_n\rangle_Y = \langle T^*y^*, x_n\rangle_X \to \langle T^*y^*, x\rangle_X = \langle y^*, Tx\rangle_Y \quad \text{für alle } y^* \in Y^*$$

und damit $Tx_n \rightharpoonup Tx$. Aus der Eindeutigkeit von Grenzwerten folgt $y = Tx$. Der Grenzwert ist damit unabhängig von der betrachteten Teilfolge, und mit einem Teilfolgen–Teilfolgen-Argument gilt daher für die gesamte Folge $Tx_n \to Tx$.

(ii) $\Rightarrow$ (i): Ist X reflexiv, so besitzt nach Folgerung 11.9 jede beschränkte Folge $\{x_n\}_{n\in\mathbb{N}}$ eine schwach konvergente Teilfolge $\{x_{n_k}\}_{k\in\mathbb{N}}$ mit $x_{n_k} \rightharpoonup x \in X$. Ist nun T vollstetig, so folgt $Tx_{n_k} \to Tx$ und damit nach Lemma 12.1 (iii) die Kompaktheit von T. □

Analog zu Folgerung 4.6 ist die Komposition von kompakten Operatoren kompakt. Dabei genügt es sogar, dass nur *einer* der Operatoren kompakt ist.

Lemma 12.3 *Seien* X, Y, Z *Banachräume*, $T \in L(X, Y)$ *und* $S \in L(Y, Z)$. *Ist* T *oder* S *kompakt, so ist auch* $S \circ T$ *kompakt.*

Beweis Sei $\{x_n\}_{n \in \mathbb{N}} \in X$ eine beschränkte Folge. Ist T kompakt, so hat $\{Tx_n\}_{n \in \mathbb{N}}$ eine konvergente Teilfolge $\{Tx_{n_k}\}_{k \in \mathbb{N}}$, und damit ist wegen der Stetigkeit von S auch $\{S(Tx_{n_k})\}_{k \in \mathbb{N}}$ konvergent. Ist andererseits S kompakt, so ist wegen der Stetigkeit von T die Folge $\{Tx_n\}_{n \in \mathbb{N}}$ beschränkt und somit hat $\{S(Tx_n)\}_{n \in \mathbb{N}}$ eine konvergente Teilfolge $\{S(Tx_{n_k})\}_{k \in \mathbb{N}}$. $\square$

In Analogie zu $L(X, Y)$ definieren wir nun die Menge

$$K(X, Y) := \{T : X \to Y : T \text{ linear und kompakt}\}.$$

Da jeder kompakte Operator auch stetig ist, gilt $K(X, Y) \subset L(X, Y)$. Tatsächlich handelt es sich sogar um einen abgeschlossenen Unterraum.

Satz 12.4 *Seien* X, Y *Banachräume. Dann ist* $K(X, Y)$ *ein abgeschlossener Unterraum von* $L(X, Y)$.

Beweis Wir zeigen zuerst, dass $K(X, Y)$ ein Unterraum ist. Seien $S, T \in K(X, Y)$ und $\alpha \in \mathbb{K}$, und sei $\{x_n\}_{n \in \mathbb{N}} \subset X$ eine beschränkte Folge. Da S und T kompakt sind, existiert eine konvergente Teilfolge $\{Sx_n\}_{n \in \mathbb{N}_1}$ mit $\mathbb{N}_1 \subset \mathbb{N}$ abzählbar. Nun ist auch die Teilfolge $\{x_n\}_{n \in \mathbb{N}_1}$ beschränkt, so dass eine konvergente Teilfolge $\{Tx_n\}_{n \in \mathbb{N}_2}$ mit $\mathbb{N}_2 \subset \mathbb{N}_1$ abzählbar existiert. Da auch $\{Sx_n\}_{n \in \mathbb{N}_2}$ konvergiert, folgt die Konvergenz von $\{\alpha Sx_n + Tx_n\}_{n \in \mathbb{N}_2}$. Also hat $\{(\alpha S + T)x_n\}_{n \in \mathbb{N}}$ eine konvergente Teilfolge, d. h. $\alpha S + T$ ist kompakt.

Sei nun $\{T_n\}_{n \in \mathbb{N}} \subset K(X, Y)$ eine konvergente Folge mit $T_n \to T \in L(X, Y)$. Wir müssen zeigen, dass T kompakt ist. Sei dafür $\{x_m\}_{m \in \mathbb{N}}$ eine beschränkte Folge, d. h. $\{x_m\}_{m \in \mathbb{N}} \in B_R(0)$ für ein $R > 0$. Mit Hilfe eines Diagonalfolgenarguments wie im Beweis von Satz 11.6 von Banach–Alaoglu konstruieren wir dann eine Teilfolge $\{x_{m_k}\}_{k \in \mathbb{N}}$ so, dass $\{T_n x_{m_k}\}_{k \in \mathbb{N}}$ konvergiert für alle $n \in \mathbb{N}$. Wir zeigen nun, dass $\{Tx_{m_k}\}_{k \in \mathbb{N}}$ eine Cauchy-Folge ist. Sei $\varepsilon > 0$ gegeben. Dann existiert wegen $T_n \to T$ ein $N \in \mathbb{N}$ mit $\|T_N - T\|_{L(X, Y)} \leq \varepsilon$. Außerdem ist $\{T_N x_{m_k}\}_{k \in \mathbb{N}}$ konvergent und damit eine Cauchy-Folge, daher existiert ein $K > 0$ mit

$$\|T_N x_{m_j} - T_N x_{m_k}\|_Y \leq \varepsilon \qquad \text{für alle } j, k \geq K.$$

Damit gilt für alle $j, k \geq K$

$$\|Tx_{m_j} - Tx_{m_k}\|_Y \leq \|Tx_{m_j} - T_N x_{m_j}\|_Y + \|T_N x_{m_j} - T_N x_{m_k}\|_Y + \|T_N x_{m_k} - Tx_{m_k}\|_Y$$
$$\leq \|T_N - T\|_{L(X,Y)} \|x_{m_j}\|_X + \|T_N x_{m_j} - T_N x_{m_k}\|_Y$$
$$+ \|T_N - T\|_{L(X,Y)} \|x_{m_k}\|_X$$
$$\leq \varepsilon R + \varepsilon + \varepsilon R = (2R+1)\varepsilon,$$

also ist $\{Tx_{m_k}\}_{k \in \mathbb{N}}$ Cauchy-Folge und wegen der Vollständigkeit von Y konvergent. $\qquad\square$

Wir betrachten nun Beispiele (nicht-)kompakter Operatoren. Schon das triviale Beispiel der Identität ist interessant.

Lemma 12.5 *Sei X ein Banachraum. Dann ist* $\mathrm{Id} : X \to X$ *kompakt genau dann, wenn X endlichdimensional ist.*

Beweis Nach Lemma 12.1 (ii) ist T kompakt genau dann, wenn $\mathrm{Id}(B_X) = B_X = \mathrm{cl}\, B_X$ präkompakt und damit schon kompakt ist. Nach Satz 3.11 ist aber B_X kompakt genau dann, wenn X endlichdimensional ist. $\qquad\square$

Folgerung 12.6 *Seien X, Y Banachräume. Ist $T \in K(X, Y)$ invertierbar, so sind X und Y endlichdimensional.*

Beweis Wegen $K(X, Y) \subset L(X, Y)$ ist T nach Satz 5.6 sogar stetig invertierbar. Damit sind nach Lemma 12.3 sowohl $T \circ T^{-1} = \mathrm{Id}_Y$ als auch $T^{-1} \circ T = \mathrm{Id}_X$ kompakt. Dies ist aber nach Lemma 12.5 nur möglich, wenn X und Y endlichdimensional sind. $\qquad\square$

Kompakte Operatoren auf unendlichdimensionalen Räumen können also niemals invertierbar sein!

Das Argument im Beweis von Lemma 12.5 lässt sich noch verallgemeinern.

Lemma 12.7 *Seien X, Y normierte Räume und $T \in L(X, Y)$. Ist $\mathrm{ran}\, T$ endlichdimensional, so ist T kompakt.*

Beweis Ist $A \subset X$ beschränkt, so ist wegen der Linearität und Stetigkeit von T auch $T(A) \subset \operatorname{ran} T$ beschränkt. Also ist $\operatorname{cl} T(A)$ beschränkt und abgeschlossen und damit nach dem Satz 2.5 von Heine–Borel kompakt. Insbesondere ist $T(A)$ damit relativkompakt und daher T kompakt. $\square$

Da $K(X, Y)$ abgeschlossen ist, erhalten wir sofort eine nützliche Charakterisierung kompakter Operatoren.

Folgerung 12.8 *Seien X, Y Banachräume und $\{T_n\}_{n\in\mathbb{N}} \subset L(X, Y)$ eine Folge stetiger Operatoren mit endlichdimensionalem Bild mit $T_n \to T \in L(X, Y)$. Dann ist T kompakt.*[1]

Nun zu konkreteren Beispielen.

Beispiel 12.9

(i) Seien $X = Y = \ell^1(\mathbb{K})$ und

$$T : X \to Y, \qquad \{x_k\}_{k\in\mathbb{N}} \mapsto \left\{\tfrac{1}{k}x_k\right\}_{k\in\mathbb{N}}.$$

Um die Kompaktheit zu zeigen, betrachten wir die Folge von Operatoren

$$T_n : X \to Y, \qquad \{x_k\}_{k\in\mathbb{N}} \mapsto \{y_k\}_{k\in\mathbb{N}}, \quad y_k := \begin{cases} \tfrac{1}{k}x_k & \text{falls } k \leq n, \\ 0 & \text{falls } k > n. \end{cases}$$

Man sieht leicht, dass alle T_n beschränkt sind und endlichdimensionales Bild (mit $\dim \operatorname{ran} T_n = n$) haben. Also ist T_n kompakt für alle $n \in \mathbb{N}$. Sei nun $x \in \ell^1(\mathbb{K})$ beliebig. Aus

$$\|Tx - T_n x\|_{\ell^1} = \sum_{k=n+1}^{\infty} \tfrac{1}{k}|x_k| \leq \frac{1}{n+1} \sum_{k=n+1}^{\infty} |x_k| \leq \frac{1}{n+1}\|x\|_{\ell^1}$$

folgt $\|T - T_n\|_{L(X,Y)} \leq \frac{1}{n+1} \to 0$, und damit ist nach Folgerung 12.8 auch T kompakt.

(ii) Seien $X = Y = C([0, 1])$ und

$$T : X \to Y, \qquad x \mapsto \int_0^t x(s)\,ds$$

---

[1] Die Umkehrung gilt nur unter Zusatzannahmen an X: Es gibt kompakte Operatoren, die sich nicht als Grenzwert von stetigen Operatoren mit endlichdimensionalem Bild darstellen lassen, siehe [9].

der Integraloperator. Um die Kompaktheit zu zeigen, weisen wir nach, dass $T(B_X) \subset C([0,1])$ präkompakt ist. Dazu verwenden wir den Satz 2.11 von Arzelà–Ascoli. Wegen

$$\|Tx\|_\infty = \sup_{t \in [0,1]} \left| \int_0^t x(s)\,ds \right| \leq \sup_{t \in [0,1]} |t| \|x\|_\infty = \|x\|_\infty$$

ist $T(B_X)$ punktweise beschränkt, d. h. für alle $x \in B_X$ ist $\sup_{t \in [0,1]} |Tx(t)| \leq 1$. Weiterhin ist für alle $\varepsilon > 0$, $x \in B_X$ und $t_1, t_2 \in [0,1]$ mit $|t_1 - t_2| \leq \varepsilon$

$$|(Tx)(t_1) - (Tx)(t_2)| = \left| \int_{t_1}^{t_2} x(s)\,ds \right| \leq |t_1 - t_2| \|x\|_\infty \leq \varepsilon,$$

und damit ist $T(B_X)$ auch gleichgradig stetig. Also ist T kompakt (und damit auch stetig).

Anhand dieser Beispiele sieht man, dass kompakte Operatoren *glättende* Operatoren sind: Tx und Ty sind sich stets deutlich ähnlicher als x und y. Es ist daher nachvollziehbar, dass solche Operatoren nicht (stetig und daher in Banachräumen gar nicht) invertierbar sind, denn sonst müsste die Inverse kleine Unterschiede entsprechend verstärken. Dabei hängt die Ähnlichkeit natürlich von der verwendeten Norm ab. Betrachten wir zum Beispiel den Integraloperator als Abbildung

$$T : C([0,1]) \to C_0^1([0,1]) := \left\{ f \in C^1([0,1]) : f(0) = 0 \right\},$$

so ist T invertierbar, falls wir $C_0^1([0,1])$ mit der Norm $\|x\|_{C^1} = \|x'\|_\infty + \|x\|_\infty$ versehen, denn dann gilt offensichtlich $T^{-1} = D$ für den Ableitungsoperator $D : C^1([0,1]) \to C([0,1])$, von dem wir bereits gezeigt haben, dass er zwischen diesen Räumen stetig ist. Also kann T wegen Folgerung 12.6 nicht kompakt sein, da $C([0,1])$ unendlichdimensional ist. Sowohl Invertierbarkeit als auch Kompaktheit hängen also von den verwendeten Normen ab, wobei beides nie gleichzeitig möglich ist. (Insofern ist die Stetigkeit von T und T^{-1} der beste Kompromiss, den man erreichen kann.)

Zum Abschluss betrachten wir noch die Adjungierte von kompakten Operatoren.

Satz 12.10 (Schauder) *Seien X, Y Banachräume und $T \in L(X, Y)$. Dann ist T kompakt genau dann, wenn T^* kompakt ist.*

Beweis Sei T kompakt und $\{y_n^*\}_{n \in \mathbb{N}} \subset Y^*$ eine beschränkte Folge, d. h. $\{y_n^*\}_{n \in \mathbb{N}} \subset B_R(0)$ für ein $R > 0$. Um zu zeigen, dass $\{T^* y_n^*\}_{n \in \mathbb{N}} \subset X^*$ eine konvergente Teilfolge besitzt, konstruieren wir zuerst eine konvergente Teilfolge der Urbilder y_n^*, die der stetige Operator T^* dann auf die gesuchte konvergente Teilfolge abbildet. Dafür verwenden wir die Annahme: $T(B_X)$ ist relativkompakt, d. h. $K := \mathrm{cl}\, T(B_X) \subset Y$ ist kompakt.

Wir zeigen nun, dass die Folge $\{y_n^*|_K\}_{n\in\mathbb{N}} \subset K^*$ eine konvergente Teilfolge besitzt. Da jedes stetige lineare Funktional in K^* insbesondere eine stetige Funktion auf K und damit ein Element in $C(K)$ ist, können wir Satz 2.11 von Arzelà–Ascoli verwenden. Zuerst gilt

$$\|y_n^*|_K\|_{C(K)} = \sup_{y\in K} |\langle y_n^*, y\rangle_Y| \le \sup_{y\in K} \|y_n^*\|_{Y^*}\|y\|_Y \le R \sup_{y\in K} \|y\|_Y < \infty,$$

da K kompakt und damit beschränkt ist. Also ist $\{y_n^*|_K\}_{n\in\mathbb{N}} \subset C(K)$ insbesondere punktweise beschränkt. Weiter gilt

$$|\langle y_n^*, y_1\rangle_Y - \langle y_n^*, y_2\rangle_Y| \le \|y_n^*\|_{Y^*}\|y_1 - y_2\|_Y \le R\|y_1 - y_2\|_Y \qquad \text{für alle } y_1, y_2 \in K,$$

und damit ist $\{y_n^*|_K\}_{n\in\mathbb{N}}$ gleichgradig stetig. Also ist $\{y_n^*|_K\}_{n\in\mathbb{N}}$ präkompakt und enthält daher eine bezüglich der Supremumsnorm konvergente Teilfolge $\{y_{n_k}^*|_K\}_{k\in\mathbb{N}}$. Wir zeigen nun, dass die entsprechende Teilfolge $\{T^*y_{n_k}^*\}_{k\in\mathbb{N}} \subset X^*$ eine Cauchy-Folge ist. Für beliebige $k, l \in \mathbb{N}$ gilt

$$\|T^*y_{n_k}^* - T^*y_{n_l}^*\|_{X^*} = \sup_{x\in B_X} |\langle y_{n_k}^* - y_{n_l}^*, Tx\rangle_Y| = \sup_{y\in K} |\langle y_{n_k}^* - y_{n_l}^*, y\rangle_Y|$$
$$= \|y_{n_k}^*|_K - y_{n_l}^*|_K\|_{C(K)},$$

da $T(B_X)$ nach Definition dicht in K liegt. Weil $\{y_{n_k}^*|_K\}_{k\in\mathbb{N}}$ eine Cauchy-Folge ist, muss daher auch $\{T^*y_{n_k}^*\}_{k\in\mathbb{N}} \subset X^*$ eine Cauchy-Folge sein und wegen der Vollständigkeit von Y konvergieren. Damit ist gezeigt, dass T^* kompakt ist.

Sei umgekehrt T^* kompakt. Dann ist nach dem eben Bewiesenen auch T^{**} kompakt. Nach Lemma 10.3 ist nun $J_Y \circ T = T^{**} \circ J_X$. Die kanonische Einbettung $J_Y : Y \to Y^{**}$ ist stets injektiv und stetig; da Y Banachraum ist, ist außerdem $\mathrm{ran}\, J_Y$ abgeschlossen. Also ist J_Y auf $\mathrm{ran}\,(T^{**} \circ J_X) \subset \mathrm{ran}\, J_Y$ stetig invertierbar, und damit ist $T = J_Y^{-1} \circ T^{**} \circ J_X$ nach Lemma 12.3 kompakt. $\qquad\square$

Aufgaben

Aufgabe 12.1 *Kompakte Operatoren auf ℓ^p*
Sei $1 \le p < \infty$ und $z \in \ell^\infty(\mathbb{K})$. Sei weiter $T_z : \ell^p(\mathbb{K}) \to \ell^p(\mathbb{K})$ definiert durch $(T_zx)_k := z_kx_k$ für alle $x \in \ell^p$ und $k \in \mathbb{N}$. Zeigen Sie, dass T_z genau dann kompakt ist, wenn z eine Nullfolge ist.

Aufgabe 12.2 *Kompakte Operatoren auf $C([0, 1])$*
Zeigen oder widerlegen Sie: Der Operator $S : C([0, 1]) \to C([0, 1])$ definiert durch $(Sx)(t) = tx(t)$ für alle $x \in C([0, 1])$ und $t \in [0, 1]$ ist kompakt.

Aufgabe 12.3 *Kompakte Operatoren auf ℓ^2*
Seien $a_{jk} \in \mathbb{R}$, $j, k \in \mathbb{N}$ gegeben mit $\sum_{j=1}^{\infty} \sum_{k=1}^{\infty} |a_{jk}|^2 < \infty$. Zeigen Sie, dass dann durch

$$Kx := \left(\sum_{k=1}^{\infty} a_{1k}x_k, \sum_{k=1}^{\infty} a_{2k}x_k, \dots \right)$$

ein kompakter Operator $K : \ell^2(\mathbb{R}) \to \ell^2(\mathbb{R})$ definiert wird.

Aufgabe 12.4 *Fredholmscher Integraloperator*
Sei $k\colon [0, 1] \times [0, 1] \to \mathbb{K}$ stetig. Zeigen Sie:

(i) Für alle $x \in C([0, 1])$ ist $T_k x$, definiert durch

$$(T_k x)(s) = \int_0^1 k(s, t) x(t) dt \quad \text{für alle } s \in [0, 1],$$

stetig, d. h. die Abbildung $T_k \colon C([0, 1]) \to C([0, 1])$ ist wohldefiniert.
(ii) T_k ist kompakt.

Aufgabe 12.5 *Punktweiser Grenzwert kompakter Operatoren*
Zeigen Sie durch ein Gegenbeispiel, dass der *punktweise* Grenzwert einer Folge kompakter Operatoren nicht kompakt sein muss.
Hinweis: Betrachten Sie eine geeignete Folge in $K(\ell^2(\mathbb{R}), \ell^2(\mathbb{R}))$ mit endlichdimensionalem Bild.

Aufgabe 12.6 *Lemma von Ehrling*
Seien X, Y, Z Banachräume, $T \in K(X, Y)$ kompakt, und $S \in L(Y, Z)$ injektiv. Zeigen Sie, dass für jedes $\varepsilon > 0$ ein $C_\varepsilon > 0$ existiert mit

$$\|Tx\|_Y \leq \varepsilon \|x\|_X + C_\varepsilon \|TSx\|_X \quad \text{für alle } x \in X.$$

Hinweis: Versuchen Sie einen Beweis durch Widerspruch.

Die Fredholm-Alternative

13

Wie wir gesehen haben, sind kompakte Operatoren in unendlichdimensionalen Räumen nie invertierbar, da der Bildbereich in gewisser Weise „zu klein" ist. Die Sache ändert sich, sobald man die Identität addiert – man erhält dann eine *kompakte Störung der Identität,* und da die Identität invertierbar ist, stehen die Chancen nicht schlecht, dass die Summe immer noch invertierbar ist. Solche Operatoren sind interessant, denn man trifft an verschieden Stellen auf Gleichungen der Form $\lambda x = T x$ für ein (gegebenes) $\lambda \in \mathbb{K} \setminus \{0\}$; vergleiche etwa die Eigenwertgleichung in der linearen Algebra, oder Fixpunktgleichungen (für $\lambda^{-1} T$). Da mit T auch $\lambda^{-1} T$ kompakt ist, können wir uns im Folgenden auf den Fall $\lambda = 1$ beschränken. Sei für den Rest dieses Kapitels X ein Banachraum, $\mathrm{Id} : X \to X$ die Identität, $T \in K(X) := K(X, X)$, und $S := \mathrm{Id} - T$ unsere kompakte Störung der Identität. Wir zeigen gleich die beiden wesentlichen Eigenschaften.

Lemma 13.1 *Für $T \in K(X)$ ist $\ker(\mathrm{Id} - T)$ endlichdimensional.*

Beweis Für alle $x \in \ker(\mathrm{Id} - T) = \ker S$ gilt nach Definition $\mathrm{Id}\, x = T x$, d.h. $\mathrm{Id}|_{\ker S} = T|_{\ker S}$. Da T kompakt ist, ist daher auch $\mathrm{Id} : \ker S \to \ker S$ kompakt, und damit muss $\ker S$ nach Lemma 12.5 endlichdimensional sein. □

Lemma 13.2 *Für $T \in K(X)$ ist $\mathrm{ran}\,(\mathrm{Id} - T)$ abgeschlossen.*

© Springer Nature Switzerland AG 2019
C. Clason, *Einführung in die Funktionalanalysis,* Mathematik Kompakt,
https://doi.org/10.1007/978-3-030-24876-5_13

Beweis Wir verwenden Lemma 9.7. Angenommen, ran $S = $ ran $(\mathrm{Id} - T)$ ist nicht abgeschlossen. Dann gilt auch (9.1) nicht, d. h. wir finden eine Folge $\{[x_n]\}_{n\in\mathbb{N}} \in X / \ker S$ mit $\|[x_n]\|_{X/\ker S} = 1$ und $\|Sx_n\|_X \to 0$. Wie im Beweis von Lemma 9.7 können wir dabei x_n stets so wählen, dass $\|x_n\|_X \leq 2$ gilt.

Da $\{x_n\}_{n\in\mathbb{N}}$ beschränkt und T kompakt ist, existiert eine konvergente Teilfolge von $\{Tx_n\}_{n\in\mathbb{N}}$ mit $Tx_{n_k} \to z \in X$. Wegen $Sx_n \to 0$ gilt dann

$$x_{n_k} = (\mathrm{Id} - T)x_{n_k} + Tx_{n_k} = Sx_{n_k} + Tx_{n_k} \to 0 + z = z.$$

Nun sind Quotientenabbildung und Norm stetig, daher gilt

$$\|[z]\|_{X/\ker S} = \lim_{k\to\infty} \|[x_{n_k}]\|_{X/\ker S} = 1.$$

Dies ist aber wegen der Stetigkeit von S ein Widerspruch zu $Sz = \lim_{k\to\infty} Sx_{n_k} = 0$, d. h. $z \in \ker S$ und damit $\|[z]\|_{X/\ker S} = 0$. $\qquad\square$

Nach dem Satz 12.10 von Schauder ist mit T auch T^* kompakt, weshalb auch $\ker(\mathrm{Id}-T^*) = \ker S^*$ endlichdimensional sein muss. Nach Satz 7.3 und Satz 9.6 (ii) ist dann auch

$$X/\mathrm{ran}\, S \cong (\mathrm{ran}\, S)^\perp = \ker S^*$$

endlichdimensional; insbesondere gilt $\dim(X/\mathrm{ran}\, S) = \dim(\ker S^*)$. (Man spricht auch von der *Kodimension* $\mathrm{codim}(\mathrm{ran}\, S) := \dim(X/\mathrm{ran}\, S)$ von ran S.) Ein Operator $S \in L(X, Y)$, für den $\ker S$ und $X/\mathrm{ran}\, S$ endlichdimensional sind, heißt *Fredholmoperator;* kompakte Störungen der Identität sind die wichtigsten, aber nicht die einzigen Beispiele. Die Zahl

$$\mathrm{ind}\,(S) := \dim(\ker S) - \dim(X/\mathrm{ran}\, S)$$

heißt *Index* von S. Ist $\mathrm{ind}\,(S) = 0$, so ist $\dim(\ker S) = \dim(X/\mathrm{ran}\, S)$, und wir haben ein Analogon der Dimensionsformel aus der Linearen Algebra gewonnen. Insbesondere ist in diesem Fall S injektiv genau dann, wenn S surjektiv ist. Ansonsten sagt der Index aus, wie viele Dimensionen dazu fehlen – ist der Index negativ, kann S nicht surjektiv sein; ist er dagegen positiv, nicht injektiv. Wir untersuchen diese „quantitative" Fredholmtheorie nicht weiter, sondern zeigen lediglich, dass für $S = \mathrm{Id} - T$ Injektivität und Surjektivität äquivalent sind (was eine etwas schwächere Aussage als $\mathrm{ind}\,(S) = 0$ ist), in Analogie zu dem aus der linearen Algebra bekannten Resultat über Operatoren von $\mathbb{R}^n$ nach $\mathbb{R}^n$.

Satz 13.3 *Sei $T \in K(X)$ und $S = \mathrm{Id} - T$. Dann ist S genau dann injektiv, wenn S surjektiv ist.*

Beweis Angenommen, S wäre injektiv, aber nicht surjektiv, d. h. es existiert ein $x \in X \setminus \mathrm{ran}\, S$. Wir zeigen nun, dass T nicht kompakt sein kann, indem wir eine Folge $\{x_n\}_{n\in\mathbb{N}}$ ohne konvergente Teilfolge $\{Tx_{n_k}\}_{k\in\mathbb{N}}$ konstruieren. Dazu betrachten wir die Unterräume $U_n :=$ $\mathrm{ran}\, S^n$ für $S^n := S \circ \cdots \circ S$. Aus der binomischen Formel folgt

$$S^n = (\mathrm{Id} - T)^n = \mathrm{Id} + \sum_{k=1}^{n} \binom{n}{k}(-T)^k =: \mathrm{Id} + \tilde{T}.$$

Da Kompositionen von kompakten Operatoren kompakt sind und $K(X)$ ein Unterraum ist, ist $\tilde{T}$ kompakt und damit U_n nach Lemma 13.2 abgeschlossen. Weiterhin ist nach Definition des Bildes $U_m \subset U_n$ für alle $m > n$. Wir zeigen nun, dass die Inklusion strikt ist. Für $x \notin \mathrm{ran}\, S$ gilt nach Definition $S^n x \in U_n$. Wäre zusätzlich $S^n x \in U_{n+1}$, dann gäbe es ein $y \in X$ mit $S^{n+1} y = S^n x$, d. h.

$$0 = S^{n+1} y - S^n x = S^n(Sy - x).$$

Da S injektiv ist, folgt daraus $Sy = x$ im Widerspruch zu $x \notin \mathrm{ran}\, S$. Also ist U_{n+1} ein echter Unterraum von U_n, und nach dem Rieszschen Lemma 3.10 existiert ein $x_n \in U_n$ mit $\|x_n\|_X = 1$ und $\|u - x_n\|_X \geq \frac{1}{2}$ für alle $u \in U_{n+1}$. Damit ist

$$\|T(x_n - x_m)\|_X = \|S(x_n - x_m) + x_m - x_n\|_X \geq \frac{1}{2} \qquad \text{für alle } m > n,$$

da für $m > n$ wegen der Schachtelung der U_n gilt $S(x_n - x_m) + x_m \in U_{n+1}$. Also kann $\{Tx_n\}_{n\in\mathbb{N}}$ keine Cauchy-Folge enthalten, obwohl $\{x_n\}_{n\in\mathbb{N}}$ beschränkt ist, im Widerspruch zur Kompaktheit von T.

Sei nun S surjektiv. Nach Satz 9.6 (i) ist dann S^* injektiv, und somit folgt aus dem eben Gezeigten die Surjektivität von $S^* = \mathrm{Id}_{X^*} + T^*$. Satz 9.6 (iii) liefert dann die Injektivität von S. $\qquad\square$

Für die eingangs erwähnte Gleichung $\lambda x = Tx$ erhält man daraus sofort die folgende Lösbarkeitsaussage, die wir für den Beweis des zentralen Resultats im nächsten Kapitel brauchen.

Folgerung 13.4 (Fredholm-Alternative) *Sei $T \in K(X)$ und $\lambda \in \mathbb{K} \setminus \{0\}$. Dann gilt* genau *eine der folgenden Aussagen:*

(i) Die homogene Gleichung

$$\lambda x - Tx = 0$$

hat nur die triviale Lösung $x = 0$, *und für jedes* $y \in X$ *hat die* inhomogene Gleichung

$$\lambda x - Tx = y$$

genau eine Lösung.

(ii) *Die homogene Gleichung hat eine nichttriviale Lösung* $x \neq 0$, *und die inhomogene Gleichung hat eine Lösung genau dann, wenn* $y \in (\ker(\lambda \mathrm{Id} - T^*))_\perp$ *ist.*

Beweis Dies folgt aus Satz 13.3 zusammen mit Satz 9.6, denn da nach Lemma 13.1 das Bild $\mathrm{ran}\, S$ abgeschlossen ist, gilt $\mathrm{ran}\, S = \mathrm{cl}\,\mathrm{ran}\, S = (\ker S^*)_\perp$. $\square$

Aufgaben

Aufgabe 13.1 *Invertierbar plus kompakt ist Fredholm*
Sei $S \in L(X)$ invertierbar und $T \in K(X)$ kompakt. Zeigen Sie, dass dann $S + T$ ein Fredholm-Operator ist.

Aufgabe 13.2 *Kompakte Operatoren sind nicht Fredholm*
Sei X ein unendlichdimensionaler Banachraum und $T \in K(X)$. Zeigen Sie, dass dann T kein Fredholmoperator ist.
Hinweis: Verwenden Sie Satz 6.4.

Aufgabe 13.3 *Fredholmoperatoren auf* ℓ^p
Zeigen Sie: Die Shift-Operatoren

$$S_+ : (x_0, x_1, x_2, x_3, \ldots) \mapsto (0, x_0, x_1, x_2, \ldots) \quad \text{und}$$
$$S_- : (x_0, x_1, x_2, x_3, \ldots) \mapsto (x_1, x_2, x_3, x_4, \ldots)$$

sind für $1 \leq p \leq \infty$ Fredholmoperatoren auf den Folgenräumen $\ell^p(\mathbb{K})$ mit $\mathrm{ind}\, S_+ = 1$ und $\mathrm{ind}\, S_- = -1$.

Aufgabe 13.4 *Ableitung als Fredholmoperator*
Zeigen Sie, dass der Ableitungsoperator

$$T : C^1([0, 1]) \to C([0, 1]), \qquad f \mapsto f',$$

ein Fredholmoperator ist, und berechnen Sie $\mathrm{ind}\, T$.

Das Spektrum

14

Ein wesentliches Werkzeug in der linearen Algebra sind Eigenwerte und Eigenvektoren eines linearen Operators. Zur Erinnerung: Ein $\lambda \in \mathbb{K}$ heißt *Eigenwert* des linearen Operators $T : X \to X$, wenn ein $x \in X \setminus \{0\}$ existiert mit $Tx = \lambda x$, d. h. wenn $\lambda\,\mathrm{Id} - T$ nicht injektiv ist. In endlichdimensionalen Räumen ist dies äquivalent dazu, dass $\lambda\,\mathrm{Id} - T$ nicht surjektiv ist, und diese Tatsache wird in der Theorie auch weidlich ausgenutzt. In unendlichdimensionalen Räumen muss man im Allgemeinen aber Fehlen von Injektivität und von Surjektivität unterscheiden.

Wir definieren daher für $T \in L(X) := L(X, X)$ mit X Banachraum

(i) das *Punktspektrum*

$$\sigma_p(T) := \{\lambda \in \mathbb{K} : \lambda\,\mathrm{Id} - T \text{ ist nicht injektiv}\},$$

(ii) das *kontinuierliche Spektrum*

$$\sigma_c(T) := \{\lambda \in \mathbb{K} : \lambda\,\mathrm{Id} - T \text{ ist injektiv, nicht surjektiv, mit dichtem Bild}\},$$

(iii) das *Restspektrum*

$$\sigma_r(T) := \{\lambda \in \mathbb{K} : \lambda\,\mathrm{Id} - T \text{ ist injektiv, nicht surjektiv, ohne dichtes Bild}\},$$

sowie das *Spektrum*

$$\sigma(T) = \sigma_p(T) \cup \sigma_c(T) \cup \sigma_r(T) = \{\lambda \in \mathbb{K} : \lambda\,\mathrm{Id} - T \text{ ist nicht bijektiv}\},$$

© Springer Nature Switzerland AG 2019
C. Clason, *Einführung in die Funktionalanalysis,* Mathematik Kompakt,
https://doi.org/10.1007/978-3-030-24876-5_14

wobei die Vereinigung offensichtlich disjunkt ist. Üblicherweise ist $\sigma_p(T)$ eine Vereinigung von Punkten, $\sigma_c(T)$ eine Vereinigung von Intervallen, und $\sigma_r(T)$ leer. Beachten Sie: nur im Fall $\lambda \in \sigma_p(T)$ ist λ Eigenwert von T! Ein $x \neq 0$ mit $Tx = \lambda x$ heißt dann *Eigenvektor;* der abgeschlossene Unterraum $\ker(\lambda\,\mathrm{Id} - T)$ heißt *Eigenraum.* Es ist eine wesentliche Eigenschaft von Eigenräumen, dass sie *invariant* unter T sind: Für $x \in \ker(\lambda\,\mathrm{Id} - T)$ gilt auch $Tx = \lambda x \in \ker(\lambda\,\mathrm{Id} - T)$. (Man nennt Eigenräume daher auch *invariante Unterräume.*)

Beispiel 14.1
Für den Rechts-Shift

$$S_+ : \ell^p(\mathbb{K}) \to \ell^p(\mathbb{K}), \qquad (x_1, x_2, , x_3, \dots) \mapsto (0, x_1, x_2, \dots)$$

ist der Operator

$$(\lambda\,\mathrm{Id} - S_+)x = (\lambda x_1, \lambda x_2 - x_1, \lambda x_3 - x_2, \dots)$$

stets injektiv, und daher gilt $\sigma_p(S_+) = \emptyset$. Man kann aber zeigen, dass der Operator für $|\lambda| \leq 1$ nicht surjektiv ist, weshalb $\sigma(S_+) = B_{\mathbb{K}}$ gilt. Da $\mathrm{ran}\,S_+ = \{x \in \ell^p(\mathbb{K}) : x_1 = 0\}$ ein abgeschlossener Unterraum ist, muss zum Beispiel $0 \in \sigma_r(S_+)$ gelten.

Um die Struktur des Spektrums zu untersuchen, ist es bequemer, statt $\sigma(T)$ das Komplement

$$\rho(T) := \mathbb{K} \setminus \sigma(T) = \{\lambda \in \mathbb{K} : \lambda\,\mathrm{Id} - T \text{ ist bijektiv}\}$$

zu betrachten. Man nennt $\rho(T)$ die *Resolventenmenge* von T; für $\lambda \in \rho(T)$ nennt man

$$T_\lambda := (\lambda\,\mathrm{Id} - T)^{-1} \in L(X)$$

eine *Resolvente* von T. Die Stetigkeit von T_λ folgt dabei aus dem Satz 5.6 von der stetigen Inversen. Weitere Informationen erhalten wir unter Verwendung des folgenden Hilfssatzes.

Lemma 14.2 (Neumannsche Reihe) *Seien X ein Banachraum und $T \in L(X)$ mit $\|T\|_{L(X)} < 1$. Dann ist $\mathrm{Id} - T$ bijektiv, und es gilt*

$$(\mathrm{Id} - T)^{-1} = \sum_{k=0}^{\infty} T^k.$$

Beweis Für $\|T\|_{L(X)} < 1$ gilt nach Folgerung 4.6

$$\sum_{k=0}^{\infty} \|T^k\|_{L(X)} \leq \sum_{k=0}^{\infty} \|T\|_{L(X)}^k < \infty,$$

weshalb die Reihe auf der rechten Seite (absolut) konvergiert gegen ein $S \in L(X)$. Betrachte nun die Partialsummenfolge $\{S_n\}_{n \in \mathbb{N}}$ mit $S_n = \sum_{k=0}^n T^k$. Dann gilt

$$(\mathrm{Id} - T)S_n = \sum_{k=0}^n T^k - \sum_{k=0}^n T^{k+1} = T^0 - T^{n+1} = \mathrm{Id} - T^{n+1}.$$

Wegen $\|T\|_{L(X)} < 1$ gilt nun $\|T^n\|_{L(X)} \leq \|T\|_{L(X)}^n \to 0$ für $n \to \infty$. Aus der Stetigkeit von $\mathrm{Id} - T$ folgt nun

$$(\mathrm{Id} - T)S = \lim_{n \to \infty} (\mathrm{Id} - T)S_n = \mathrm{Id}.$$

Analog zeigt man $S(\mathrm{Id} - T) = \mathrm{Id}$ und damit $S = (\mathrm{Id} - T)^{-1}$, woraus insbesondere die Invertierbarkeit von $\mathrm{Id} - T$ folgt. $\qquad\square$

Wir verwenden die Neumannsche Reihe nun, um T_λ lokal in eine Potenzreihe zu entwickeln.

Lemma 14.3 *Seien X ein Banachraum, $T \in L(X)$, und $\lambda_0 \in \rho(T)$ beliebig. Dann gilt*

$$T_\lambda = \sum_{k=0}^{\infty} (\lambda_0 - \lambda)^k T_{\lambda_0}^{k+1} \quad \text{für alle } |\lambda - \lambda_0| < \|T_{\lambda_0}\|_{L(X)}^{-1}.$$

Insbesondere ist $\rho(T)$ offen.

Beweis Wegen $\lambda_0 \in \rho(T)$ ist $\lambda_0 \, \mathrm{Id} + T$ invertierbar. Wir können also schreiben

$$\lambda \, \mathrm{Id} - T = (\lambda_0 \, \mathrm{Id} - T) - (\lambda_0 - \lambda)\, \mathrm{Id} = (\lambda_0 \, \mathrm{Id} - T)(\mathrm{Id} - (\lambda_0 - \lambda)(\lambda_0 \, \mathrm{Id} - T)^{-1})$$

$$=: (\lambda_0 \, \mathrm{Id} - T)(\mathrm{Id} - \tilde{T}). \tag{14.1}$$

Ist also $\|\tilde{T}\|_{L(X)} = |\lambda - \lambda_0| \|T_{\lambda_0}\|_{L(X)} < 1$, so ist $\mathrm{Id} - \tilde{T}$ nach Lemma 14.2 über die Neumannsche Reihe invertierbar; wegen der Invertierbarkeit von $\lambda_0 \, \mathrm{Id} + T$ ist daher auch $\lambda \, \mathrm{Id} - T$ invertierbar. Insbesondere ist für λ hinreichend nahe an $\lambda_0 \in \rho(T)$ auch $\lambda_0 \in \rho(T)$ und damit $\rho(T)$ offen.

Weiter können wir die rechte und damit auch die linke Seite von (14.1) invertieren und erhalten dadurch

$$T_\lambda = (\lambda \,\mathrm{Id} - T)^{-1} = \left(\mathrm{Id} - (\lambda_0 - \lambda)(\lambda_0 \,\mathrm{Id} - T)^{-1}\right)^{-1} (\lambda_0 \,\mathrm{Id} - T)^{-1}$$

$$= \left(\sum_{k=0}^\infty \left((\lambda_0 - \lambda)T_{\lambda_0}\right)^k\right) T_{\lambda_0} = \sum_{k=0}^\infty (\lambda_0 - \lambda)^k T_{\lambda_0}^{k+1}. \qquad \square$$

Durch Komplementbildung können wir nun nützliche Eigenschaften des Spektrums zeigen.

> **Satz 14.4** *Sei X ein Banachraum und sei $T \in L(X)$. Dann ist $\sigma(T)$ kompakt, und für alle $\lambda \in \sigma(T)$ gilt $|\lambda| \leq \|T\|_{L(X)}$. Ist $\mathbb{K} = \mathbb{C}$ und $X \neq \{0\}$, so ist $\sigma(T)$ nicht leer.*

Beweis Wir nehmen an, dass $T \neq 0$ ist (sonst wäre $\sigma(T) = \{0\}$ und damit die Aussage offensichtlich erfüllt). Ist nun $\lambda \in \mathbb{K}$ mit $|\lambda| > \|T\|_{L(X)}$, so ist nach Lemma 14.2 über die Neumannsche Reihe der Operator $\mathrm{Id} - \lambda^{-1}T$ invertierbar und damit auch

$$\lambda\left(\mathrm{Id} - \lambda^{-1}T\right) = \lambda\,\mathrm{Id} - T, \tag{14.2}$$

woraus $\lambda \in \rho(T)$ folgt. Also ist das Komplement $\sigma(T) \subset B_{\|T\|_{L(X)}}$ beschränkt sowie nach Lemma 14.3 abgeschlossen. Nach dem Satz 2.5 von Heine–Borel ist daher $\sigma(T) \subset \mathbb{K}$ kompakt.

Sei nun $\mathbb{K} = \mathbb{C}$ und $X \neq \{0\}$. Da wir eine Aussage speziell über komplexe Zahlen beweisen müssen, wenden wir Methoden der Funktionentheorie an. Dazu betrachten wir für ein beliebiges Funktional $\xi \in L(X)^*$ die Funktion

$$f : \rho(T) \to \mathbb{C}, \qquad \lambda \mapsto \langle \xi, T_\lambda \rangle_{L(X)}.$$

Sei nun $\lambda_0 \in \rho(T)$ beliebig. Aus der Stetigkeit von ξ zusammen mit Lemma 14.3 folgt dann

$$f(\lambda) = \langle \xi, T_\lambda \rangle_{L(X)} = \sum_{k=0}^\infty (\lambda_0 - \lambda)^k \langle \xi, T_{\lambda_0}^{k+1} \rangle_{L(X)} \quad \text{für alle } \lambda \in U_{\|T_{\lambda_0}\|_{L(X)}^{-1}}(\lambda_0).$$

Das bedeutet, dass f in jedem Punkt innerhalb einer offenen Kreisscheibe in eine Potenzreihe entwickelt werden kann. Also ist f holomorph (d. h. komplex differenzierbar) und deshalb insbesondere stetig.[1]

---

[1] siehe z. B. [2, Satz 1.5.2], [18, Satz 10.6]

Wir nehmen nun an, dass $\sigma(T) = \emptyset$ und damit $\rho(T) = \mathbb{C}$ ist. Wir zeigen, dass f auf $\mathbb{C}$ beschränkt und daher nach dem Satz von Liouville[2] konstant ist. Auf der kompakten Menge $\{\lambda : |\lambda| \le 2\|T\|_{L(X)}\}$ ist f als stetige Funktion nach dem Satz von Weierstraß (Folgerung 2.9) beschränkt. Für $|\lambda| > 2\|T\|_{L(X)}$ folgt aus Lemma 14.2 über die Neumannsche Reihe und (14.2)

$$T_\lambda = (\lambda \operatorname{Id} - T)^{-1} = \lambda^{-1} \sum_{k=0}^{\infty} (\lambda^{-1} T)^k$$

und damit wegen $\|\lambda^{-1} T\|_{L(X)} < \frac{1}{2}$

$$|f(\lambda)| = |\langle \xi, T_\lambda \rangle_{L(X)}| \le \frac{1}{|\lambda|} \|\xi\|_{L(X)^*} \sum_{k=0}^{\infty} \|\lambda^{-1} T\|_{L(X)}^k \le \frac{2}{|\lambda|} \|\xi\|_{L(X)^*}$$

$$\le \|T\|_{L(X)}^{-1} \|\xi\|_{L(X)^*}. \tag{14.3}$$

Also ist f auf ganz $\mathbb{C}$ beschränkt und daher konstant; wegen der ersten Zeile in (14.3) für $|\lambda| \to \infty$ kommt nur $f = 0$ in Frage.

Es gilt also $\langle \xi, T_\lambda \rangle_{L(X)} = f(\lambda) = 0$ für alle $\lambda \in \mathbb{C}$. Da $\xi \in L(X)^*$ beliebig war, erhalten wir aus Folgerung 8.4, dass $T_\lambda = 0$ ist, im Widerspruch zu $T_\lambda = (\lambda \operatorname{Id} - T)^{-1}$ und $X \ne \{0\}$. $\qquad\qquad\qquad\qquad\qquad\qquad\qquad\qquad\qquad\qquad\qquad\qquad\qquad\qquad\qquad\quad \square$

Wir können die Abschätzung $|\lambda| \le \|T\|_{L(X)}$ sogar noch verschärfen. Dafür definieren wir den *Spektralradius*

$$r(T) := \sup_{\lambda \in \sigma(T)} |\lambda|.$$

Aus Satz 14.4 folgt sofort $r(T) \le \|T\|_{L(X)}$. Da das Spektrum stets kompakt ist, wird das Supremum sogar angenommen, falls $\sigma(T)$ nicht leer ist. Wir leiten nun analog zur linearen Algebra eine Darstellung des Spektralradius über die Norm von Potenzen von T her. Dafür betrachten wir zuerst den Spektralradius von Potenzen von T – beziehungsweise gleich allgemeiner, von Polynomen von T. Wie in der linearen Algebra definieren wir für ein (komplexes) Polynom $p(z) := \sum_{k=0}^{n} a_k z^k$ vom Höchstgrad n und $T \in L(X)$ den linearen Operator

$$p(T) := \sum_{k=0}^{n} a_k T^k,$$

wobei $T^k := T \circ \cdots \circ T$ die k-fache Komposition und $T^0 := \operatorname{Id}$ ist. Offensichtlich ist $p(T) : X \to X$ linear sowie nach Folgerung 4.6 beschränkt. Für das Spektrum von $p(T)$ gilt dann die folgende eingängige Darstellung.

---

[2]siehe z. B. [2, Korollar 3.2.2], [18, Satz 10.23]

Lemma 14.5 (Spektralpolynomsatz) *Sei X ein Banachraum über $\mathbb{K} = \mathbb{C}$, $T \in L(X)$, und p ein Polynom. Dann gilt*

$$\sigma(p(T)) = p(\sigma(T)) := \{p(\lambda) : \lambda \in \sigma(T)\}.$$

Beweis Für ein konstantes Polynom $p(z) = a_0 \in \mathbb{C}$ gilt zunächst $p(T) = a_0 \,\mathrm{Id}$, und dieser Operator besitzt offensichtlich nur den Eigenwert a_0. Wir können also in Folge annehmen, dass p ein Polynom vom echten Grad $n \geq 1$ ist.

Sei nun $\lambda \in \sigma(p(T))$ und betrachte das Polynom $q(z) := p(z) - \lambda$, das ebenfalls Grad n hat. Nach dem Fundamentalsatz der Algebra besitzt q also n komplexe Nullstellen $\lambda_1, \dots, \lambda_n$; wir können daher schreiben $q(z) = \gamma \sum_{k=1}^{n}(z - \lambda_j)$ für ein $\gamma \neq 0$. Also gilt auch

$$p(T) - \lambda \,\mathrm{Id} = q(T) = \gamma \sum_{k=1}^{n}(T - \lambda_j \,\mathrm{Id}).$$

Nun ist nach Annahme $p(T) - \lambda \,\mathrm{Id}$ nicht bijektiv, und damit kann mindestens einer der Faktoren $T - \lambda_j \,\mathrm{Id}$ ebenfalls nicht bijektiv sein. Daraus folgt aber $\lambda_j \in \sigma(T)$, und wegen $\lambda = p(\lambda_j)$ (denn λ_j ist Nullstelle von q) gilt $\lambda \in p(\sigma(T))$.

Für die andere Richtung sei $\lambda \in \sigma(T)$ beliebig und betrachte das Polynom $q(z) := p(z) - p(\lambda)$. Da λ offensichtlich Nullstelle von q ist, können wir schreiben $q(z) = (z - \lambda)r(z)$ für ein Polynom r vom Höchstgrad $n - 1$. Also gilt auch

$$p(T) - p(\lambda) \,\mathrm{Id} = q(T) = (T - \lambda \,\mathrm{Id})r(T).$$

Nun ist nach Annahme $T - \lambda \,\mathrm{Id}$ nicht bijektiv, und wörtlich wie in der linearen Algebra zeigt man, dass dann auch $p(T) - p(\lambda) \,\mathrm{Id}$ nicht bijektiv sein kann. Also ist nach Definition $p(\lambda) \in \sigma(p(T))$. $\qquad\square$

Damit können wir die versprochene Darstellung des Spektralradius zeigen.

Satz 14.6 *Seien X ein Banachraum, $T \in L(X)$ und $\mathbb{K} = \mathbb{C}$. Dann gilt*

$$r(T) = \lim_{n \to \infty} \|T^n\|_{L(X)}^{1/n} = \inf_{n \in \mathbb{N}} \|T^n\|_{L(X)}^{1/n}.$$

Beweis Wir zeigen zunächst $r(T) \leq \inf_{n \in \mathbb{N}} \|T^n\|_{L(X)}^{1/n}$. Sei dafür $\lambda \in \sigma(T)$ beliebig; solch ein λ existiert, da $\sigma(T)$ nach Satz 14.4 nicht leer ist. Nach dem Spektralpolynomsatz (Lemma 14.5) gilt dann $\lambda^n \in \sigma(T^n)$ für alle $n \in \mathbb{N}$, und aus Satz 14.4 folgt $|\lambda^n| \leq \|T^n\|_{L(X)}$ und damit $|\lambda| \leq \|T^n\|_{L(X)}^{1/n}$. Supremum über alle $\lambda \in \sigma(T)$ und Infimum über alle $n \in \mathbb{N}$ ergibt dann die Behauptung.

Als nächstes zeigen wir $r(T) \geq \limsup_{n \to \infty} \|T^n\|_{L(X)}^{1/n}$. Dafür knüpfen wir an den Beweis von Satz 14.4 an: Dort wurde gezeigt, dass für beliebiges $\xi \in L(X)^*$ die Funktion f : $\rho(T) \to \mathbb{C}, \lambda \mapsto \langle \xi, T_\lambda \rangle_{L(X)}$, eine holomorphe Funktion ist und für $|\lambda| > \|T\|_{L(X)}$ die Darstellung

$$f(\lambda) = \sum_{k=0}^{\infty} \lambda^{-k-1} \langle \xi, T^k \rangle_{L(X)} \tag{14.4}$$

besitzt; siehe (14.3). Auf dem unbeschränkten Kreisring $K_r := \{\lambda : |\lambda| > r(T)\} \subset \rho(T)$ besitzt nun die holomorphe Funktion f eine eindeutige Entwicklung in eine Laurent-Reihe[3] der Form $\sum_{k=-\infty}^{\infty} a_k \lambda^k$. Da (14.4) bereits eine solche Reihe für $\lambda \in K_T := \{\lambda : |\lambda| > \|T\|_{L(X)}\} \subset K_r$ liefert, muss (14.4) sogar für alle $\lambda \in K_r$ gelten. Insbesondere muss $\{\langle \xi, \lambda^{-k-1} T^k \rangle_{L(X)}\}_{k \in \mathbb{N}}$ eine Nullfolge sein. Da $\xi \in L(X)^*$ beliebig war, folgt daraus $\lambda^{-k-1} T^k \rightharpoonup 0$, und damit ist $\{\lambda^{-k-1} T^k\}_{k \in \mathbb{N}} \subset L(X)$ nach Satz 11.3 beschränkt. Es existiert also eine Konstante $C > 0$ mit

$$\|T^k\|_{L(X)}^{1/k} \leq (|\lambda|^{k+1} C)^{1/k} = |\lambda|(C|\lambda|)^{1/k} \qquad \text{für alle } |\lambda| > r(T).$$

Die rechte Seite konvergiert nun für $k \to \infty$, und wir erhalten damit

$$\limsup_{k \to \infty} \|T^k\|_{L(X)}^{1/n} \leq \lim_{n \to \infty} |\lambda|(C|\lambda|)^{1/k} = |\lambda| \qquad \text{für alle } |\lambda| > r(T).$$

Grenzübergang $|\lambda| \to r(T)$ ergibt dann die Behauptung.

Es gilt also

$$r(T) \leq \inf_{n \in \mathbb{N}} \|T^n\|_{L(X)}^{1/n} \leq \liminf_{n \to \infty} \|T^n\|_{L(X)}^{1/n} \leq \limsup_{n \to \infty} \|T^n\|_{L(X)}^{1/n} \leq r(T),$$

da die beiden mittleren Ungleichungen für beliebige Folgen gelten. Also müssen alle Ungleichungen mit Gleichheit gelten, und wir erhalten die gewünschte Aussage. $\square$

Ein linearer Operator hat zwar (außer im trivialen Fall) stets ein nichtleeres Spektrum, muss aber keinen Eigenwert besitzen. Für kompakte Operatoren ist die Situation günstiger.

---

[3] siehe z. B. [2, Satz 5.3.1]

Satz 14.7 (Kleiner Spektralsatz) *Für $T \in K(X)$ gelten:*

(i) $\sigma(T) \subset \sigma_p(T) \cup \{0\}$;
(ii) *für alle $\lambda \in \sigma_p(T) \setminus \{0\}$ ist $\ker(\lambda \, \mathrm{Id} - T)$ endlichdimensional;*
(iii) $\sigma_p(T)$ *ist endlich oder abzählbar und besitzt höchstens 0 als Häufungspunkt.*

Beweis Zu (i): Für $\lambda \notin \sigma_p(T) \cup \{0\}$ ist $\lambda \, \mathrm{Id} - T$ nach Definition injektiv, also auch $\mathrm{Id} - \lambda^{-1} T$. Da mit T auch $\lambda^{-1} T$ für $\lambda \neq 0$ kompakt ist, ist $\mathrm{Id} - \lambda^{-1} T$ nach Satz 13.3 surjektiv, also auch $\lambda \, \mathrm{Id} - T$. Nach Definition ist dann $\lambda \in \rho(T) = \mathbb{K} \setminus \sigma(T)$.

Zu (ii): Aus der Kompaktheit und $\lambda \neq 0$ folgt mit Lemma 13.1 auch, dass $\ker(\lambda \, \mathrm{Id} - T) = \ker(\mathrm{Id} - \lambda^{-1} T)$ endlichdimensional ist.

Für (iii) sei $\sigma_p(T)$ unendlich und $\{\lambda_n\}_{n \in \mathbb{N}} \subset \sigma_p(T)$ eine Folge von Eigenwerten, von der wir durch Übergang zu einer Teilfolge annehmen dürfen, dass die Folgeglieder paarweise verschieden sind. Zu jedem λ_n existiert dann ein Eigenvektor $x_n \in X$ mit $\|x_n\|_X = 1$. Wörtlich wie in der linearen Algebra zeigt man, dass die Eigenvektoren zu verschiedenen Eigenwerten linear unabhängig sind (da Linearkombinationen nach Definition nur endlich viele Summanden enthalten). Für den Unterraum $X_n := \mathrm{span}\{x_1, \ldots, x_n\}$ gilt also $\dim X_n = n$. Wir wählen nun mit Hilfe des Rieszschen Lemma 3.10 für X_{n-1} und $x_n \notin X_{n-1}$ ein $v_n \in X_n$ mit $\|v_n\|_X = 1$ und

$$\|v_n - x\|_X \geq \frac{1}{2} \quad \text{für alle } x \in X_{n-1}.$$

(Für $n = 1$ setzen wir $X_0 := \emptyset$, d.h. wir können $v_1 = x_1$ wählen.) Wegen der Schachtelung der X_n können wir $v_n = \alpha_n x_n + \tilde{v}_{n-1}$ für ein $\alpha_n \in \mathbb{K}$ und ein $\tilde{v}_{n-1} \in X_{n-1}$ schreiben. Da außerdem X_{n-1} als Spann von Eigenvektoren ein invarianter Unterraum ist, ist für alle $m < n$ der Vektor $\tilde{v}_m \in X_{n-1}$ und damit auch $T \tilde{v}_m \in X_{n-1}$. Damit ist aber auch

$$(\lambda_n \, \mathrm{Id} - T) v_n = 0 + (\lambda_n \, \mathrm{Id} - T) \tilde{v}_{n-1} \in X_{n-1}.$$

Somit gilt für alle $n > m \in \mathbb{N}$

$$\left\| T\left(\frac{v_n}{\lambda_n}\right) - T\left(\frac{v_m}{\lambda_m}\right) \right\|_X = \left\| v_n - \lambda_n^{-1} \left[(\lambda_n \, \mathrm{Id} - T) v_n - \tfrac{\lambda_n}{\lambda_m} T v_m \right] \right\|_X \geq \frac{1}{2}$$

nach Wahl von v_n, da der Vektor in eckigen Klammern in X_{n-1} liegt. Also kann $\{\lambda_n^{-1} T v_n\}_{n \in \mathbb{N}}$ keine konvergente Teilfolge enthalten. Da T kompakt ist, ist dies nur möglich, wenn *jede* Teilfolge von $\{\lambda_n^{-1} v_n\}_{n \in \mathbb{N}}$ unbeschränkt ist. Also gilt für die gesamte Folge

$$\frac{1}{|\lambda_n|} = \frac{\|v_n\|_X}{|\lambda_n|} = \|\lambda_n^{-1} v_n\|_X \to \infty,$$

d. h. $\{\lambda_n\}_{n\in\mathbb{N}}$ ist eine Nullfolge. Da $\{\lambda_n\}_{n\in\mathbb{N}} \subset \sigma_p(T)$ beliebig war, kann $\sigma_p(T)$ als Häufungspunkt nur 0 besitzen. Insbesondere enthält für jedes $\varepsilon > 0$ die Menge $\sigma_\varepsilon(T) := \left\{\lambda \in \sigma_p(T) : |\lambda| > \varepsilon\right\}$ nur endlich viele Elemente, und damit ist $\sigma_p(T) \subset \cup_{n\in\mathbb{N}}\sigma_{\frac{1}{n}}(T)\cup\{0\}$ höchstens abzählbar. $\qquad\qquad\qquad\qquad\qquad\qquad\qquad\qquad\qquad\qquad\qquad\square$

Aufgaben

Aufgabe 14.1 *Spektrum kompakter Operatoren*
Sei X ein unendlichdimensionaler Banachraum und $T \in K(X)$ kompakt. Zeigen Sie, dass dann $0 \in \sigma(T)$ gilt.

Aufgabe 14.2 *Spektrum des adjungierten Operators*
Sei X ein Banachraum und $T \in L(X, X)$. Zeigen Sie, dass dann $\sigma(T^*) = \sigma(T)$ gilt.

Aufgabe 14.3 *Spektrum der Shift-Operatoren*

(i) Bestimmen Sie das Spektrum des Links-Shifts

$$S_- : \ell^1(\mathbb{K}) \to \ell^1(\mathbb{K}), \quad (x_1, x_2, x_3, \dots) \mapsto (x_2, x_3, x_4, \dots)$$

sowie des adjungierten Operators $S_-^* : \ell^\infty(\mathbb{K}) \to \ell^\infty(\mathbb{K})$.
(ii) Welche Spektralwerte sind jeweils Eigenwerte?
(iii) Wie ändern sich die Verhältnisse, wenn wir $S_- : \ell^2(\mathbb{K}) \to \ell^2(\mathbb{K})$ auffassen?

Aufgabe 14.4 *Spektrum des Integraloperators*
Zeigen Sie, dass für den Integraloperator

$$T : C([0, 1]) \to C([0, 1]), \quad (Tx)(t) = \int_0^t x(s)\,ds$$

gilt $\sigma(T) = \sigma_r(T) = \{0\}$.

Aufgabe 14.5 *Spektrum des Multiplikationsoperators*

(i) Berechnen Sie für $h \in C([0, 1])$ das Spektrum des *Multiplikationsoperators*

$$T_h : C([0, 1]) \to C([0, 1]), \quad (Th)(t) = f(t)h(t).$$

(ii) Geben Sie notwendige und hinreichende Bedingungen dafür an, dass ein Element des Spektrums ein Eigenwert ist.
(iii) Geben Sie notwendige und hinreichende Bedingungen dafür an, dass T_h kompakt ist.

Aufgabe 14.6 *Spektrum von Störungen der Identität*
Sei $T \in L(X)$ mit $\|T\|_{L(X)} \in \sigma(T)$. Zeigen Sie, dass dann gilt

$$\| \mathrm{Id} + T\|_{L(X)} = 1 + \|T\|_{L(X)}.$$

Teil V
Hilberträume

Skalarprodukte und Orthogonalität

15

Besonders weitreichende Aussagen über lineare Operatoren sind in Hilberträumen möglich, in denen zu der algebraischen und topologischen Struktur von normierten Vektorräumen eine weitere geometrische Struktur hinzukommt: das Skalarprodukt. Wie wir im nächsten Kapitel sehen werden, erlaubt dies eine Charakterisierung, die komplett ohne Dualräume auskommt, und damit das Übertragen der Strukturtheorie der linearen Algebra vom euklidischen Vektorraum auf unendlichdimensionale (Hilbert-)Räume.

Definition 15.1

Sei X ein Vektorraum über $\mathbb{K}$. Ein *Skalarprodukt* auf X ist eine Abbildung $(\cdot, \cdot)_X : X \times X \to \mathbb{K}$ mit den folgenden Eigenschaften:

(i) $(\lambda x_1 + x_2, y)_X = \lambda (x_1, y)_X + (x_2, x)_X$ für alle $x_1, x_2, y \in X$ und $\lambda \in \mathbb{K}$;

(ii) $(x, y)_X = \overline{(y, x)_X}$ für alle $x, y \in \mathbb{K}$;

(iii) $(x, x)_X \geq 0$ für alle $x \in X$ mit $(x, x)_X = 0$ genau dann, wenn $x = 0 \in X$.

In diesem Fall heißt das Paar $(X, (\cdot, \cdot)_X)$ *Prä-Hilbertraum*. Ist das Skalarprodukt aus dem Kontext offensichtlich, bezeichnen wir den Prä-Hilbertraum auch kurz mit X.

Aus (i) und (ii) folgt sofort

$$(x, \lambda y_1 + y_2)_X = \overline{\lambda} (x, y_1)_X + (x, y_2)_X \quad \text{für alle } x, y_1, y_2 \in X \text{ und } \lambda \in \mathbb{K}.$$

Das Skalarprodukt ist damit *sesquilinear* („anderthalbfach linear"); beachte, dass dies in der Literatur nicht einheitlich (d. h. manchmal als linear im zweiten Argument) definiert wird. Insbesondere gilt wegen $\lambda + \overline{\lambda} = 2 \operatorname{Re} \lambda$ die *binomische Formel*

$$(x + y, x + y)_X = (x, x)_X + 2 \operatorname{Re} (x, y)_X + (y, y)_X \quad \text{für alle } x, y \in X. \tag{15.1}$$

© Springer Nature Switzerland AG 2019
C. Clason, *Einführung in die Funktionalanalysis*, Mathematik Kompakt,
https://doi.org/10.1007/978-3-030-24876-5_15

Aus (ii) folgt auch $(x, x)_X \in \mathbb{R}$ für alle $x \in X$ sogar im Fall $\mathbb{K} = \mathbb{C}$, so dass Eigenschaft (iii) sinnvoll ist. Trotz der formalen Ähnlichkeit sollte man das (sesquilineare, symmetrische) Skalarprodukt in X nicht mit der (bilinearen, nicht symmetrischen) dualen Paarung zwischen X und X^* verwechseln.

Eine fundamentale Eigenschaft des Skalarprodukts ist die *Cauchy–Schwarz-Ungleichung*.

Satz 15.2 *Sei $(X, (\cdot, \cdot)_X)$ ein Prä-Hilbertraum. Dann gilt*

$$| (x, y)_X | \leq \sqrt{(x, x)_X} \sqrt{(y, y)_X} \quad \text{für alle } x, y \in X.$$

Beweis Für alle $x, y \in X$ und $\lambda \in \mathbb{K}$ folgt aus den Eigenschaften des Skalarprodukts und $\lambda \overline{\lambda} = |\lambda|^2 \in \mathbb{R}$

$$0 \leq (x + \lambda y, x + \lambda y)_X = (x, x)_X + 2 \operatorname{Re} \overline{\lambda} (x, y)_X + |\lambda|^2 (y, y)_X .$$

Sei nun $y \neq 0$ (sonst ist die Aussage trivialerweise erfüllt). Dann folgt speziell für $\lambda = -\frac{(x,y)_X}{(y,y)_X}$

$$0 \leq (x, x)_X - 2 \frac{| (x, y)_X |^2}{(y, y)_X} + \frac{| (x, y)_X |^2}{(y, y)_X} = (x, x)_X - \frac{| (x, y)_X |^2}{(y, y)_X}$$

und damit die Behauptung. $\square$

Daraus folgt ein wesentliches Resultat: Die neue Struktur ist verträglich mit den bereits eingeführten Strukturen, genauso wie die Norm verträglich ist mit der (durch sie induzierten) metrischen Struktur.

Satz 15.3 *Sei $(X, (\cdot, \cdot)_X)$ ein Prä-Hilbertraum. Dann wird durch*

$$\|x\|_X := \sqrt{(x, x)_X}$$

eine Norm auf X induziert. Ist $(X, \| \cdot \|_X)$ vollständig, so heißt X Hilbertraum.

Beweis Die Normeigenschaften folgen direkt aus denen des Skalarprodukts: Aus $\|x\|_X = 0$ folgt $(x, x)_X = 0$ und damit $x = 0$. Für $\lambda \in \mathbb{K}$ und $x \in X$ gilt

$$\|\lambda x\|_X^2 = (\lambda x, \lambda x)_X = \lambda \overline{\lambda} (x, x)_X = |\lambda|^2 \|x\|_X^2$$

und damit die positive Homogenität. Für die Dreiecksungleichung verwenden wir die Cauchy–Schwarz-Ungleichung: Für alle $x, y \in X$ gilt nach Definition der Norm und wegen $\operatorname{Re} \lambda \leq |\lambda|$

$$\|x + y\|_X^2 = \|x\|_X^2 + 2 \operatorname{Re} (x, y)_X + \|y\|_X^2$$
$$\leq \|x\|_X^2 + 2\|x\|_X \|y\|_X + \|y\|_X^2 = (\|x\|_X + \|y\|_X)^2. \qquad \square$$

Zu jedem Prä-Hilbertraum gehört also stets ein kanonischer normierter Vektorraum, zwischen denen wir in Folge nicht unterscheiden; wenn wir also von Normen, Umgebungen oder konvergenten Folgen in Hilberträumen reden, sind stets die zur induzierten Norm gehörenden gemeint.[1] Insbesondere folgt aus der Cauchy–Schwarz-Ungleichung in Satz 15.2 sofort, dass das Skalarprodukt in jeder Komponente stetig ist (bezüglich der induzierten Norm).

Umgekehrt lässt sich das Skalarprodukt durch die induzierte Norm ausdrücken: Für $\mathbb{K} = \mathbb{R}$ gilt

$$(x, y)_X = \frac{1}{4} \left(\|x + y\|_X^2 - \|x - y\|_X^2 \right), \tag{15.2}$$

für $\mathbb{K} = \mathbb{C}$

$$(x, y)_X = \frac{1}{4} \left(\|x + y\|_X^2 - \|x - y\|_X^2 + i\|x + iy\|_X^2 - i\|x - iy\|_X^2 \right), \tag{15.3}$$

wie man mit Hilfe (15.1) recht einfach nachrechnet; die Gleichung (15.2) bzw. (15.3) wird als *Polarisationsformel* bezeichnet. Tatsächlich funktioniert dies nur für die induzierte Norm.

Satz 15.4 *Ein normierter Raum $(X, \|\cdot\|_X)$ ist genau dann ein Prä-Hilbertraum, wenn* die Parallelogramm-Identität

$$\|x + y\|_X^2 + \|x - y\|_X^2 = 2 \left(\|x\|_X^2 + \|y\|_X^2 \right) \qquad f\ddot{u}r\,alle\,x, y \in X$$

gilt.

Beweis Ist X ein Prä-Hilbertraum, so folgt die Parallelogramm-Identität direkt aus (15.1). Umgekehrt kann man mit Hilfe der Parallelogramm-Identität nachrechnen, dass durch (15.2)

---

[1] Es gibt aber durchaus Situationen, in denen es sinnvoll ist, *nicht* die induzierte Norm zu verwenden.

bzw. (15.3) ein Skalarprodukt definiert wird; die zum Teil recht aufwendige Rechnung ist z. B. in [22, Satz V.1.7] zu finden.   □

Mit Hilfe der Parallelogramm-Identität kann man nun recht einfach Beispiele finden.

Beispiel 15.5
Hilберträume sind zum Beispiel

(i) $\mathbb{K}^n$ mit dem Skalarprodukt $(x, y)_{\mathbb{K}^n} := \sum_{k=1}^{n} x_n \overline{y_n}$,
(ii) $\ell^2(\mathbb{K})$ mit dem Skalarprodukt $(x, y)_{\ell^2} := \sum_{k=1}^{\infty} x_n \overline{y_n}$,
(iii) $L^2(\Omega)$ mit dem Skalarprodukt $(x, y)_{L^2} := \int_{\Omega} x(t) \overline{y(t)} \, dt$,

jeweils mit der kanonischen Norm. Prä-Hilbertraum aber nicht vollständig ist

(iv) $c_c(\mathbb{K}) \subset \ell^2(\mathbb{K})$ mit dem Skalarprodukt aus (ii);

keine Prä-Hilberträume sind

(v) $\ell^p(\mathbb{K})$ und $L^p(\Omega)$ für $p \neq 2$,
(vi) $C(K)$ für $K \neq \{0\}$ kompakt.

So, wie die Norm den geometrischen Begriff der „Länge" verallgemeinert, ist das Skalarprodukt eine Verallgemeinerung des „Winkels" – von besonderer Bedeutung ist auch hier der rechte Winkel. Wir sagen, $x, y \in X$ sind *orthogonal*, falls $(x, y)_X = 0$ gilt. In diesem Fall gilt der *Satz von Pythagoras*

$$\|x + y\|_X^2 = \|x\|_X^2 + \|y\|_X^2.$$

Weiter heißt für eine beliebige Menge $A \subset X$

$$A^{\perp} := \left\{ x \in X : (x, y)_X = 0 \text{ für alle } y \in A \right\}$$

das *orthogonale Komplement* von A in X. Auch hier sollte man trotz der formalen Ähnlichkeit nicht das orthogonale Komplement (als Teilmenge von X) mit dem Annihilator (als Teilmenge von X^*) verwechseln. Mit den selben Argumenten wie für letzteren zeigt man jedoch, dass $A^{\perp}$ stets abgeschlossen ist und $\text{cl} \, A \subset (A^{\perp})^{\perp}$ gilt.

Wir kommen nun zu einem zentralen Satz der Hilbertraumtheorie, der eine *eindeutige* Projektion auf konvexe Mengen garantiert. Dabei ist sowohl die Vollständigkeit als auch die Parallelogramm-Identität wesentlich.

> **Satz 15.6 (Projektionssatz)** *Sei X ein Hilbertraum und sei $C \subset X$ nichtleer, konvex und abgeschlossen. Dann existiert für jedes $x \in X$ ein eindeutiges $z \in C$ mit*
>
> $$\|z - x\|_X = \inf_{y \in C} \|y - x\|_X.$$

Beweis Wir zeigen zuerst die Existenz mit Hilfe der Vollständigkeit von X. Setze dafür $d := \inf_{y \in C} \|y - x\|_X$ für gegebenes $x \in X$; dieses Infimum existiert, da C nichtleer ist und die Norm nicht-negativ ist. Aus den Eigenschaften des Infimums folgt dann die Existenz einer Folge $\{y_n\}_{n \in \mathbb{N}} \subset C$ mit $\|y_n - x\|_X \to d$. Wir zeigen nun, dass $\{y_n\}_{n \in \mathbb{N}}$ eine Cauchy-Folge ist. Aus der Parallelogramm-Identität folgt für alle $n, m \in \mathbb{N}$

$$2\left(\|y_n - x\|_X^2 + \|y_m - x\|_X^2\right) = \|(y_n + y_m) - 2x\|_X^2 + \|y_n - y_m\|_X^2$$

und damit

$$\|y_n - y_m\|_X^2 = 2\left(\|y_n - x\|_X^2 + \|y_m - x\|_X^2\right) - 4\|\tfrac{y_n + y_m}{2} - x\|_X^2. \tag{15.4}$$

Da C konvex ist, ist mit $y_n, y_m \in C$ auch $\frac{1}{2}y_n + \frac{1}{2}y_m \in C$, und daher folgt nach Definition von d

$$0 \leq \|y_n - y_m\|_X^2 \leq 2\left(\|y_n - x\|_X^2 + \|y_m - x\|_X^2\right) - 4d^2.$$

Nach Definition der Folge $\{y_n\}_{n \in \mathbb{N}}$ geht nun die rechte Seite gegen Null für $n, m \to \infty$. Damit ist $\{y_n\}_{n \in \mathbb{N}}$ eine Cauchy-Folge, die wegen der Vollständigkeit von X gegen ein $z \in X$ konvergiert. Da C abgeschlossen ist, gilt sogar $z \in C$. Aus der Stetigkeit der Norm folgt dann

$$\|z - x\|_X = \lim_{n \to \infty} \|y_n - x\|_X = d = \inf_{y \in C} \|y - x\|_X.$$

Für die Eindeutigkeit seien $z, \tilde{z} \in C$ mit $\|z - x\|_X = d = \|\tilde{z} - x\|_X$. Dann ist wegen der Konvexität von C auch $\frac{1}{2}z + \frac{1}{2}\tilde{z} \in C$, und daraus folgt wie in (15.4)

$$\|z - \tilde{z}\|_X^2 = 2\left(\|z - x\|_X^2 + \|\tilde{z} - x\|_X^2\right) - 4\|\tfrac{z+\tilde{z}}{2} - x\|_X^2 = 4d^2 - 4\|\tfrac{z+\tilde{z}}{2} - x\|_X^2 \leq 0,$$

d. h. $z = \tilde{z}$. $\square$

Durch die Zuordnung $x \mapsto z$ wird also eine Abbildung $P_C : X \to C$ definiert, die man als *(metrische) Projektion* auf C bezeichnet. Diese lässt sich mit Hilfe des Skalarprodukts charakterisieren.

Lemma 15.7 *Sei X ein Hilbertraum und sei $C \subset X$ nichtleer, konvex und abgeschlossen. Dann sind für $x \in X$ und $z \in C$ äquivalent:*

(i) $z = P_C(x)$;

(ii) $\operatorname{Re}(z - x, y - z)_X \geq 0$ *für alle $y \in C$.*

Beweis *(ii)* $\Rightarrow$ *(i):* Aus der binomischen Formel und (ii) folgt für alle $y \in C$

$$\|y - x\|_X^2 = \|(z - x) + (y - z)\|_X^2 = \|z - x\|_X^2 + 2\operatorname{Re}(z - x, y - z)_X + \|y - z\|_X^2$$
$$\geq \|z - x\|_X^2,$$

d. h. $z = P_C(x)$ nach dem Projektionssatz 15.6.

(i) $\Rightarrow$ *(ii):* Sei $z = P_C(x) \in C$ und $y \in C$ beliebig. Da C konvex ist, ist für alle $t \in [0, 1]$ auch $y_t := (1 - t)z + ty \in C$. Also gilt nach dem Projektionssatz 15.6

$$\|z - x\|_X^2 \leq \|y_t - x\|_X^2 = \|(z - x) + t(y - z)\|_X^2$$
$$= \|z - x\|_X^2 + 2t\operatorname{Re}(z - x, y - z)_X + t^2\|y - z\|_X^2,$$

woraus durch Subtraktion von $\|z - x\|_X^2$ und Division durch $2t$ folgt

$$0 \leq \operatorname{Re}(z - x, y - z)_X + \frac{t}{2}\|y - z\|_X^2.$$

Grenzübergang $t \to 0$ ergibt nun (ii). $\square$

Von besonderer Bedeutung ist dabei der Fall, dass C ein abgeschlossener Unterraum ist.

Folgerung 15.8 *Sei X ein Hilbertraum und sei $U \subset X$ ein abgeschlossener Unterraum. Dann sind für $x \in X$ und $z \in U$ äquivalent:*

(i') $z = P_U(x)$;

(ii') $(z - x, u)_X = 0$ *für alle $u \in U$.*

Beweis Da jeder Unterraum konvex ist, können wir Lemma 15.7 anwenden und müssen nur noch zeigen, dass im Spezialfall eines Unterraums die Bedingung (ii) äquivalent zu (ii') ist.

(ii') $\Rightarrow$ *(ii):* Sei $y \in U$ beliebig. Dann ist wegen $z \in U$ auch $u := y - z \in U$, so dass mit (ii') insbesondere (ii) gilt.

(ii) ⇒ (ii'): Sei $u \in U$ beliebig. Dann ist auch $y := u + z \in U$, womit aus (ii) folgt

$$\mathrm{Re}\,(z - x, u)_X = \mathrm{Re}\,(z - x, y - z)_X \geq 0 \qquad \text{für alle } u \in U.$$

Durch Einsetzen von $-u \in U$ sieht man, dass sogar $\mathrm{Re}\,(z - x, u)_X = 0$ für alle $u \in U$ gelten muss. Analog folgt durch Einsetzen von $-iu \in U$ wegen der Sesquilinearität des Skalarprodukts und $\mathrm{Re}\,(-ix) = \mathrm{Im}(x)$ auch $\mathrm{Im}\,(z - x, u)_X = 0$ und damit (ii'). $\square$

In diesem Fall hat die Projektion zusätzliche nützliche Eigenschaften; man spricht dann auch von einer *orthogonalen Projektion*.

Satz 15.9 *Sei X ein Hilbertraum und sei $U \subset X$ ein abgeschlossener Unterraum. Dann gelten:*

  (i) $P_U \in L(X, X)$;
  (ii) $\|P_U\|_{L(X,X)} = 1$ *falls* $U \neq \{0\}$;
  (iii) $\ker P_U = U^\perp M$
  (iv) $P_{U^\perp} = \mathrm{Id} - P_U$.

Beweis Die Aussagen folgen alle aus der Tatsache, dass nach Folgerung 15.8 genau dann $z = P_U(x)$ ist, wenn $z \in U$ und $z - x \in U^\perp$ gilt.

Zu (i): Da $U^\perp$ ein Unterraum ist, folgt für alle $\lambda_1, \lambda_2 \in \mathbb{K}$, $x_1, x_2 \in X$ und $z_1 = P_U(x_1)$, $z_2 = P_U(x_2)$,

$$(\lambda_1 z_1 + \lambda_2 z_2) - (\lambda_1 x_1 + \lambda_2 x_2) = \lambda_1 (x_1 - z_1) + \lambda_2 (x_2 - z_1) \in U^\perp,$$

d. h. $\lambda_1 P_U(x_1) + \lambda_2 P_U(x_2) = P_U(\lambda_1 x_1 + \lambda_2 x_2)$ und damit die Linearität. Aus $P_U(x) - x \in U^\perp$ für alle $x \in X$ folgt nun

$$\|x\|_X^2 = \|x - z + z\|_X^2 = \|x - z\|_X^2 + 2\,\mathrm{Re}\,(x - z, z)_X + \|z\|_X^2 \geq \|z\|_X^2, \qquad (15.5)$$

d. h. $\|P_U(x)\|_X = \|z\|_X \leq \|x\|_X$ und damit die Stetigkeit von P_U.

Zu (ii): Wegen (15.5) gilt zunächst $\|P_U\|_{L(X,X)} \leq 1$. Für $x \in U \setminus \{0\}$ ist nun $z := x \in U$ und $z - x = 0 \in U^\perp$, woraus $P_U(x) = x$ und damit $\|P_U\|_{L(X,X)} = 1$ folgt.

Zu (iii): Es gilt $P_U(x) = 0 \in U$ genau dann, wenn $0 - x = -x \in U^\perp$ ist. Da U ein Unterraum ist, ist letzteres äquivalent zu $x \in U^\perp$.

Zu (iv): Wir müssen zeigen, dass für $x \in X$ beliebig und $z := x - P_U(x)$ gilt $z \in U^\perp$ und $z - x \in (U^\perp)^\perp$. Ersteres folgt aus der Eigenschaft $P_U(x) - x \in U^\perp$ der Projektion auf U, letzteres aus

$$z - x = (x - P_U(x)) - x = -P_U(x) \in U \subset (U^\perp)^\perp. \qquad \square$$

Aus Satz 15.9 (iv) folgt insbesondere, dass für einen abgeschlossenen Unterraum jedes $x \in X$ eindeutig zerlegt werden kann in $x = u + u_\perp$ mit $u \in U$ und $u \in U^\perp$.

Damit können wir – ganz ohne Hahn–Banach – eine zu Folgerung 8.8 analoge Aussage zeigen.

Folgerung 15.10 *Sei X ein Hilbertraum und sei $U \subset X$ ein Unterraum. Dann gilt $(U^\perp)^\perp = \operatorname{cl} U$.*

Beweis Wörtlich wie im Beweis von Folgerung 8.8 zeigt man zunächst $\operatorname{cl} U \subset (U^\perp)^\perp$. Sei nun $x \in (U^\perp)^\perp$. Wir betrachten nun den abgeschlossenen Unterraum $V := \operatorname{cl} U$ und können daher nach Satz 15.9 (iv) schreiben $x = v + v^\perp$ mit $v \in V$ und $v^\perp \in V^\perp$. Aus $U \subset \operatorname{cl} U$ und der Definition des orthogonalen Komplements folgt sofort $V^\perp \subset U^\perp$ und damit $v^\perp \in U^\perp$.[2] Andererseits ist auch $v^\perp = x - v \in (U^\perp)^\perp$ wegen $v \in V \subset (U^\perp)^\perp$ wie bereits gezeigt und $x \in (U^\perp)^\perp$ nach Annahme, und daraus folgt

$$\|v^\perp\|_X^2 = \left(v^\perp, v^\perp\right)_X = \left(x - v, v^\perp\right)_X = 0.$$

Also ist $v^\perp = 0$ und daher $x = v \in V = \operatorname{cl} U$. $\qquad \square$

Daraus erhalten wir ein Kriterium für die Invertierbarkeit von Operatoren auf Hilberträumen, welches (in einer etwas komplizierteren Form) den ersten Grundstein der modernen Theorie der partiellen Differentialgleichungen bildet.

Satz 15.11 (Lax–Milgram) *Sei X ein Hilbertraum und sei $T \in L(X, X)$. Existiert ein $\gamma > 0$ mit*

---

[2]Ein Grenzwertargument analog zu dem im Beweis von Folgerung 8.8 zeigt, dass sogar $V^\perp = U^\perp$ gilt.

$$| (Tx, x)_X | \geq \gamma \|x\|_X^2 \quad \text{für alle } x \in X, \qquad (15.6)$$

so ist T invertierbar mit $\|T^{-1}\|_{L(X,X)} \leq \gamma^{-1}$.

Beweis Aus (15.6) folgt zusammen mit der Cauchy–Schwarz-Ungleichung

$$\|Tx\|_X \geq \gamma \|x\|_X \qquad (15.7)$$

und damit nach Folgerung 9.8 mit $C = \gamma^{-1}$ sowohl die Injektivität von T als auch die Abgeschlossenheit von ran T. Sei nun $x \in (\text{ran } T)^\perp$. Dann ist $(Tx, x)_X = 0$, und aus (15.6) folgt $x = 0$, d.h. $(\text{ran } T)^\perp = \{0\}$. Nach Folgerung 15.10 gilt dann

$$\text{ran } T = ((\text{ran } T)^\perp)^\perp = \{0\}^\perp = X,$$

und damit ist T surjektiv und daher invertierbar. Für beliebige $y \in X$ können wir daher $x := T^{-1}y$ in (15.7) einsetzen und erhalten

$$\|T^{-1}y\|_X \leq \frac{1}{\gamma}\|TT^{-1}y\|_X = \frac{1}{\gamma}\|y\|_X. \qquad \square$$

In endlichdimensionalen Vektorräumen lässt sich die orthogonale Projektion auf einen Unterraum explizit mit Hilfe der Basisvektoren berechnen. Wir übertragen dies nun auf Hilberträume. Eine Teilmenge $S \subset X$ eines Prä-Hilbertraums nennen wir dafür *Orthonormalsystem*, wenn für alle $u, v \in S$ gilt

$$(u, v)_X = \begin{cases} 0 & \text{falls } u \neq v, \\ 1 & \text{falls } u = v. \end{cases}$$

(Ist nur die erste Bedingung erfüllt, d.h. gilt $\|u\|_X \neq 1$ für ein $u \in S$, so spricht man von einem *Orthogonalsystem*.) Die Frage nach der Existenz von Orthonormalsystemen lassen wir zunächst offen und untersuchen erst einmal ihre Eigenschaften. Als erstes betrachten wir die Projektion auf einen *endlichdimensionalen* Unterraum.

Lemma 15.12 *Sei X ein Prä-Hilbertraum, $S \subset X$ ein Orthonormalsystem, und $e_1, \ldots, e_n \in S$. Dann gilt für $U = \text{span}\{e_1, \ldots, e_n\}$*

$$P_U x = \sum_{k=1}^{n} (x, e_k)_X e_k \quad \text{für alle } x \in X.$$

Beweis Zu $x \in X$ betrachten wir $z := \sum_{k=1}^{n} (x, e_k)_X \, e_k$. Nach Konstruktion ist dann $z \in U$, und aus der Orthogonalität der e_j folgt für alle $1 \leq j \leq n$

$$\left(x - z, e_j\right)_X = \left(x, e_j\right)_X - \sum_{k=1}^{n} (x, e_k)_X \left(e_k, e_j\right)_X = \left(x, e_j\right)_X - \left(x, e_j\right)_X = 0.$$

Also ist auch $(x - z, u)_X = 0$ für alle $u \in U$ und damit $z = P_U x$ nach Folgerung 15.8. $\square$

Folgerung 15.13 *Sei X ein Prä-Hilbertraum und $\{e_1, \ldots, e_n\} \subset X$ ein endliches Orthonormalsystem. Dann gilt die* Besselsche Ungleichung

$$\sum_{k=1}^{n} | (x, e_k)_X |^2 \leq \|x\|_X^2 \qquad \text{für alle } x \in X.$$

Beweis Betrachte $U = \text{span}\{e_1, \ldots, e_n\}$. Dann gilt für alle $x \in X$

$$\| P_U x \|_X^2 = \left(\sum_{k=1}^{n} (x, e_k)_X \, e_k, \sum_{j=1}^{n} \left(x, e_j\right)_X e_j \right)_X$$

$$= \sum_{k=1}^{n} \sum_{j=1}^{n} (x, e_k)_X \overline{\left(x, e_j\right)_X} \left(e_k, e_j\right)_X = \sum_{k=1}^{n} | (x, e_k)_X |^2. \tag{15.8}$$

Die Besselsche Ungleichung folgt nun aus $\| P_U x \|_X \leq \|x\|_X$, siehe Satz 15.9 (ii). $\square$

Die Frage ist nun, wann das auch für (abzählbar) unendlichdimensionale Unterräume funktioniert, d. h. wir in den obigen Summen den Grenzübergang $n \to \infty$ machen können.

Satz 15.14 *Sei X ein Hilbertraum und $S = \{e_n : n \in \mathbb{N}\}$ ein Orthonormalsystem. Dann sind äquivalent:*

(i) span S ist dicht in X;
(ii) für alle $x \in X$ gilt

$$x = \sum_{k=1}^{\infty} (x, e_k)_X \, e_k;$$

(iii) für alle $x \in X$ gilt die Parseval-Identität

$$\|x\|_X^2 = \sum_{k=1}^{\infty} |(x, e_k)_X|^2.$$

Ist eine dieser Eigenschaften erfüllt, so nennen wir S eine Orthonormalbasis.

Beweis (i) $\Rightarrow$ *(ii):* Sei $U_m := \operatorname{span}\{e_1, \ldots, e_m\}$ und $P_m := P_{U_m}$. Sei weiterhin $x \in X$ beliebig und $\{x_n\}_{n \in \mathbb{N}} \subset \operatorname{span} S$ mit $x_n \to x$. Da Linearkombinationen nach Definition stets endlich sind, finden wir für jedes $x_n \in \operatorname{span} S$ ein $m_n \in \mathbb{N}$ mit $x_n \in U_{m_n}$, wobei wir ohne Beschränkung der Allgemeinheit annehmen dürfen, dass $\{m_n\}_{n \in \mathbb{N}}$ monoton wachsend ist. Dann folgt nach Definition der Projektion

$$0 \leq \|x - P_{m_n}x\|_X = \inf_{u \in U_{m_n}} \|x - u\|_X \leq \|x - x_n\|_X \to 0 \quad \text{für } n \to \infty.$$

Da die U_m geschachtelt sind, ist weiterhin $\{\|x - P_m x\|_X\}_{m \in \mathbb{N}}$ monoton fallend; also muss die gesamte Folge gegen Null konvergieren. Aus Lemma 15.12 folgt dann

$$0 \leq \|x - \sum_{k=1}^{m} (x, e_k)_X e_k\|_X = \|x - P_m x\|_X \to 0 \quad \text{für } m \to \infty.$$

(ii) $\Rightarrow$ *(iii):* Sei $x \in X$ beliebig. Für die Partialsummen $s_n := \sum_{k=1}^{n} (x, e_k)_X e_k$ gilt nach (15.8)

$$\|s_n\|_X^2 = (s_n, s_n)_X = \sum_{k=1}^{n} |(x, e_k)_X|^2.$$

Nach (ii) konvergiert nun $s_n \to x$ und damit $\|s_n\|_X \to \|x\|_X$, sodass durch Grenzübergang $n \to \infty$ auf beiden Seiten (iii) folgt.

(iii) $\Rightarrow$ *(ii):* Analog rechnet man nach, dass für alle $x \in X$ und die Partialsummen s_n gilt

$$(x, s_n)_X = \sum_{k=1}^{n} |(x, e_k)_X|^2 = \|s_n\|_X^2.$$

Daraus folgt

$$\|x - s_n\|_X^2 = \|x\|_X^2 - 2 \operatorname{Re}(x, s_n)_X + \|s_n\|_X^2 = \|x\|_X^2 - \|s_n\|_X^2 \to 0$$

und damit (ii).

(ii) ⇒ *(i):* Ist span S nicht dicht in X, so existiert ein $x \in X$ und $\varepsilon > 0$ mit $\|x - x_n\|_X > \varepsilon$ für alle Folgen $\{x_n\}_{n \in \mathbb{N}} \subset$ span S. Dann gilt dies insbesondere für die Partialsummenfolge $\{s_n\}_{n \in \mathbb{N}}$, und damit kann (ii) nicht gelten.   □

Beachten Sie, dass (i) bereits impliziert, dass X separabel ist.

Zum Beispiel bildet in $\ell^2(\mathbb{K})$ die Folge der Einheitsvektoren $\{e_n\}_{n \in \mathbb{N}}$ eine Orthonormalbasis. Etwas komplizierter nachzuweisen ist, dass in $L^2((-\pi, \pi))$ für $\mathbb{K} = \mathbb{C}$ die Funktionen

$$e_k(t) = \frac{1}{\sqrt{2\pi}} e^{ikt}, \quad k \in \mathbb{Z},$$

eine Orthonormalbasis bilden. Damit lässt sich jede Funktion $f \in L^2((-\pi, \pi))$ schreiben als

$$f(t) = \sum_{k \in \mathbb{Z}} c_k e_k(t), \qquad c_k := (f, e_k)_{L^2} = \frac{1}{\sqrt{2\pi}} \int_{-\pi}^{\pi} f(t) e^{-ikt}\, dt.$$

Diese Reihe wird *Fourier-Reihe* genannt. (Analog nennt man die Reihe in Satz 15.14 (ii) manchmal auch *(verallgemeinerte) Fourier-Reihe* sowie $(x, e_k)_X$ *(verallgemeinerten) Fourier-Koeffizient*.)

Allgemein haben wir das folgende Resultat.

Satz 15.15 *Sei X ein unendlichdimensionaler Hilbertraum. Dann sind äquivalent:*

(i) X ist separabel;
(ii) X besitzt eine abzählbare Orthonormalbasis.

Beweis (i) ⇒ *(ii):* Sei $\{x_n : n \in \mathbb{N}\}$ dicht in X. Wir definieren nun rekursiv

$$\tilde{e}_n := x_n - \sum_{k=1}^{n-1} (x_n, e_k)_X\, e_k,$$

$$e_n := \begin{cases} \dfrac{\tilde{e}_n}{\|\tilde{e}_n\|_X} & \text{falls } \tilde{e}_n \neq 0, \\ 0 & \text{falls } \tilde{e}_n = 0. \end{cases}$$

Dann ist $\|e_n\|_X = 1$ für alle $n \in \mathbb{N}$ sowie $(e_n, e_k)_X = 0$ für alle $k < n \in \mathbb{N}$, d. h. $\{e_n : n \in \mathbb{N}\}$ ist ein Orthonormalsystem. Weiter ist span $\{e_n : n \in \mathbb{N}\} =$ span $\{x_n : n \in \mathbb{N}\}$ dicht in X und damit $\{e_n : n \in \mathbb{N}\}$ sogar eine Orthonormalbasis.

(ii) ⇒ *(i):* Ist $\{e_n : n \in \mathbb{N}\}$ eine abzählbare Orthonormalbasis, so ist die Menge aller endlichen, rationalen Linearkombinationen abzählbar sowie dicht in span $\{e_n : n \in \mathbb{N}\}$ und damit auch in X.   □

Die Konstruktion im ersten Schritt entspricht natürlich genau der *Gram–Schmidt-Ortho-normalisierung* aus der linearen Algebra.[3]

Aus Satz 15.15 erhalten wir das folgende erstaunliche Resultat.

Folgerung 15.16 (Satz von Fischer–Riesz) *Jeder unendlichdimensionale separable* $\mathbb{K}$-*Hilbertraum ist isometrisch isomorph zu* $\ell^2(\mathbb{K})$.

Beweis Sei X ein unendlichdimensionaler separabler Hilbertraum und $\{e_n : n \in \mathbb{N}\}$ eine Orthonormalbasis. Wir konstruieren nun einen isometrischen Isomorphismus $T : X \to \ell^2(\mathbb{K})$, indem wir jedem $x \in X$ eine Folge $Tx := \{y_k\}_{k \in \mathbb{N}}$ durch $y_k := (x, e_k)_X$ zuordnen. Aus der Parseval-Identität folgt dann $Tx = y \in \ell^2(\mathbb{K})$ sowie $\|Tx\|_{\ell^2} = \|x\|_X$, also ist T insbesondere stetig. Weiterhin ist T linear und injektiv. Für die Surjektivität sei $y \in \ell^2(\mathbb{K})$ gegeben. Da y quadratsummierbar ist, muss $\{\sum_{k=1}^n |y_k|^2\}_{n \in \mathbb{N}}$ eine Cauchy-Folge (in $\mathbb{R}$) sein. Damit ist auch $\{\sum_{k=1}^n y_k e_k\}_{n \in \mathbb{N}}$ eine Cauchy-Folge (in X), denn für alle $m < n \in \mathbb{N}$ gilt

$$\|\textstyle\sum_{k=m+1}^n y_k e_k\|_X^2 = \left(\sum_{k=m+1}^n y_k e_k, \sum_{j=m+1}^n y_j e_j\right)_X = \sum_{k=m+1}^n |y_k|^2.$$

Da X vollständig ist, konvergiert also die Reihe $\sum_{k=1}^\infty y_k e_k = x \in X$. Aus der Stetigkeit des Skalarprodukts folgt schließlich

$$[Tx]_k = (x, e_k)_X = \lim_{n \to \infty} \left(\sum_{j=1}^n y_j e_j, e_k\right)_X = y_k \qquad \text{für alle } k \in \mathbb{N}$$

und damit $Tx = y$. □

Alle unendlichdimensionalen separablen Hilberträume sind also isometrisch isomorph!

---

[3]Ist X nicht separabel, kann man die Existenz einer (dann überabzählbaren) Orthonormalbasis stattdessen mit Hilfe des Zornschen Lemmas zeigen. Dabei muss man verwenden, dass eine Orthonormalbasis ein maximales Orthonormalsystem ist, d. h. in keinem größeren Orthonormalsystem enthalten ist; siehe [14, Satz 6.6, 6.8]. Auch Satz 15.14 kann man auf diese Situation übertragen, da auch für ein überabzählbares Orthonormalsystem höchstens abzählbar viele Skalarprodukte $(x, e)_X$ von Null verschieden sind; siehe [22, Lemma V.4.5].

Aufgaben

Aufgabe 15.1   *Beispiele von Hilberträumen*

(i) Sei $\mathbb{R}^{n \times n}$ der Raum der reellen $n \times n$-Matrizen, und für $A, B \in \mathbb{R}^{n \times n}$ sei

$$(A, B) := \operatorname{tr}(AB^T),$$

wobei $\operatorname{tr} M$ die Spur und M^T die Transponierte der Matrix M bezeichne. Zeigen Sie, dass dadurch ein Hilbertraum definiert wird. Folgern Sie daraus, dass für alle $A, B \in \mathbb{R}^{n \times n}$ die Identität

$$|\operatorname{tr}(AB^T)|^2 \leq \operatorname{tr}(AA^T)\operatorname{tr}(BB^T)$$

gilt.

(ii) Zeigen Sie, dass $(\ell^p(\mathbb{K}), \|\cdot\|_p)$ nur für $p = 2$ ein Prä-Hilbertraum ist.

(iii) Zeigen Sie, dass $(C([a, b]), \|\cdot\|_\infty)$ kein Hilbertraum ist.

Aufgabe 15.2   *Orthogonalität über Norm*

Sei X ein (nicht notwendigerweise reeller!) Hilbertraum und $x, y \in X$. Zeigen Sie, dass $(x, y)_X = 0$ gilt genau dann, wenn gilt

$$\|x + \alpha y\|_X = \|x - \alpha y\|_X \qquad \text{für alle } \alpha \in \mathbb{K}.$$

Aufgabe 15.3   *Konvergenz und Winkel*

Sei X ein Hilbertraum und $\{x_n\}_{n \in \mathbb{N}}, \{y_n\}_{n \in \mathbb{N}} \subset B_X$. Zeigen Sie: Aus $(x_n, y_n)_X \to 1$ folgt $\|x_n - y_n\|_X \to 0$.

Aufgabe 15.4   *Projektionen sind nicht-expansiv*

Sei X ein Hilbertraum, $K \subset X$ nichtleer, konvex und abgeschlossen. Zeigen Sie, dass dann gilt:

$$\|P_K(x) - P_K(\tilde{x})\|_X \leq \|x - \tilde{x}\|_X \qquad \text{für alle } x, \tilde{x} \in X.$$

Aufgabe 15.5   *Hahn–Banach in Hilberträumen*

Sei X ein Hilbertraum und U ein abgeschlossener Unterraum von X. Zeigen Sie, dass jedes stetige Funktional auf U normgleich auf X fortgesetzt werden kann, indem Sie die Fortsetzung explizit konstruieren.

Hinweis: Verwenden Sie die Projektion P_U auf U.

Der Satz von Riesz

16

Wir betrachten nun, wie sich die in Teil III beschriebene Dualitätstheorie in Hilberträumen verhält. Jeder Hilbertraum X wird ja durch die induzierte Norm zu einem normierten Raum, dem ein Dualraum X^* zugeordnet ist. Formal ähnelt die duale Paarung $\langle \cdot, \cdot \rangle_X$ zwischen X und X^* dem Skalarprodukt $(\cdot, \cdot)_X$ auf X (vergleiche etwa Annihilator und orthogonales Komplement). Tatsächlich besteht zwischen beiden eine enge Beziehung.

Satz 16.1 (Darstellungssatz von Fréchet–Riesz) *Sei X ein Hilbertraum. Dann existiert zu jedem $x^* \in X^*$ genau ein* Riesz-Repräsentant $x \in X$ *mit*

$$\langle x^*, z \rangle_X = (z, x)_X \qquad \text{für alle } z \in X.$$

Weiterhin gilt $\|x\|_X = \|x^*\|_{X^*}$.

Beweis Zuerst stellen wir fest, dass für festes $x \in X$ die Abbildung $T_x : z \mapsto (z, x)_X$ ein stetiges lineares Funktional auf X ist. Wir zeigen nun, dass die Abbildung

$$R_X : X \to X^*, \qquad x \mapsto T_x,$$

bijektiv und isometrisch ist, d. h. dass wir jedes $x^* \in X^*$ in der Form T_x für genau ein $x \in X$ darstellen können. Direkt aus der Definition folgt zunächst

$$|\langle R_X(x), z \rangle_X| = |(z, x)_X| \leq \|z\|_X \|x\|_X \qquad \text{für alle } z \in X,$$

mit Gleichheit für $z = x$. Division durch $\|z\|_X$ und Supremum über alle $z \in X \setminus \{0\}$ ergibt $\|R_X(x)\|_{X^*} = \|x\|_X$ für alle $x \in X$. Also ist R_X isometrisch und damit injektiv.

© Springer Nature Switzerland AG 2019

C. Clason, *Einführung in die Funktionalanalysis*, Mathematik Kompakt,
https://doi.org/10.1007/978-3-030-24876-5_16

Für die Surjektivität sei $x^* \in X^*$ beliebig. Für $x^* = 0$ wählen wir $x = 0$. Ist $x^* \neq 0$, so ist $\ker x^*$ wegen Satz 8.3 ein echter, abgeschlossener Unterraum von X. Damit ist das orthogonale Komplement $(\ker x^*)^\perp \neq \{0\}$ (denn sonst würden wir mit Hilfe von Folgerung 15.10 erhalten, dass $\ker x^* = X$ ist). Also existiert ein $x \in (\ker x^*)^\perp \setminus \{0\}$. Insbesondere gilt $\langle x^*, x \rangle_X \neq 0$, denn sonst wäre $x \in (\ker x^*)^\perp \cap \ker x^*$ und damit nach Satz 15.9 (iv)

$$x = P_{\ker x^*}(x) = x - P_{(\ker x^*)^\perp}(x) = x - x = 0,$$

im Widerspruch zu $x \neq 0$. Sei nun $z \in X$ beliebig. Dann gilt für alle $\lambda \in \mathbb{K}$

$$\langle x^*, z - \lambda x \rangle_X = \langle x^*, z \rangle_X - \lambda \langle x^*, x \rangle_X.$$

Setzen wir $\lambda_z := \frac{\langle x^*, z \rangle_X}{\langle x^*, x \rangle_X}$, so ist daher $z - \lambda_z x \in \ker x^*$. Wegen $x \in (\ker x^*)^\perp$ folgt daraus $(z - \lambda_z x, x)_X = 0$. Zusammen erhalten wir

$$\frac{\langle x^*, z \rangle_X}{\langle x^*, x \rangle_X} = \lambda_z = \frac{(z, x)_X}{(x, x)_X}.$$

Auflösen ergibt dann

$$\langle x^*, z \rangle_X = \left(z, \frac{\overline{\langle x^*, x \rangle_X}}{\|x\|_X^2} x \right)_X,$$

d.h. $x^* = R_X \left(\frac{\overline{\langle x^*, x \rangle_X}}{\|x\|_X^2} x \right)$. Damit ist das gesuchte Urbild gefunden. □

Die Abbildung $R_X : X \to X^*$ nennt man *Riesz-Isomorphismus*, obwohl sie nur im Fall $\mathbb{K} = \mathbb{R}$ linear und damit wirklich ein isometrischer Isomorphismus ist. Im Fall $\mathbb{K} = \mathbb{C}$ ist sie zumindest *konjugiert linear*: Direkt aus der Sesquilinearität des Skalarprodukts folgt für alle $x, y \in X$ und $\alpha \in \mathbb{K}$ und für beliebiges $z \in X$

$$\langle R_X(\alpha x + y), z \rangle_X = (z, \alpha x + y)_X = \overline{\alpha}(z, x)_X + (z, y)_X$$
$$= \langle \overline{\alpha} R_X(x) + R_X(y), z \rangle_X.$$

Mit Hilfe des Riesz-Isomorphismus kann man nun Eigenschaften zwischen einem Hilbertraum und seinem Dualraum übertragen.

Folgerung 16.2 *Sei X ein Hilbertraum. Dann gelten*

(i) X^* ist ein Hilbertraum;
(ii) X ist reflexiv.

Beweis Für (i) vergewissert man sich leicht, dass wegen der konjugierten Linearität und der Bijektivität von R_X auf X^* durch

$$\left(x^*, y^*\right)_{X^*} := \left(R_X^{-1} y^*, R_X^{-1} x^*\right)_X \qquad \text{für alle } x^*, y^* \in X^*$$

ein Skalarprodukt definiert wird. Also ist X^* ein Hilbertraum. Aus der Isometrie von R_X folgt auch

$$\|x^*\|_{X^*}^2 = \|R_X^{-1} x^*\|_X^2 = \left(R_X^{-1} x^*, R_X^{-1} x^*\right)_X = \left(x^*, x^*\right)_{X^*},$$

d. h. die duale Norm wird durch dieses Skalarprodukt induziert.

Für (ii) müssen wir nachweisen, dass die kanonische Einbettung $J_X : X \to X^{**}$ surjektiv ist. Dafür zeigen wir, dass $J_X = R_{X^*} \circ R_X$ gilt. Seien dazu $x \in X$ und $x^* \in X^*$ beliebig. Dann gilt nach Definition der Riesz-Isomorphismen, des Skalarprodukts in X^* und der kanonischen Einbettung

$$\langle R_{X^*} R_X x, x^* \rangle_{X^*} = \left(x^*, R_X x\right)_{X^*} = \left(x, R_X^{-1} x^*\right)_X = \langle x^*, x \rangle_X = \langle J_X x, x^* \rangle_{X^*}.$$

Also ist J_X als Komposition zweier bijektiver Abbildungen bijektiv und damit surjektiv. $\square$

Der Riesz-Isomorphismus erlaubt es auch, die schwache Konvergenz mit Hilfe des Skalarprodukts auszudrücken. Aus der Bijektivität von R_X folgt sofort, dass gilt

$$x_n \rightharpoonup x \qquad \text{genau dann, wenn} \qquad (x_n, z)_X \to (x, z)_X \quad \text{für alle } z \in X.$$

Da wir bei der Definition der schwachen Konvergenz also ohne Dualraum auskommen, ist der Unterschied zur starken Konvergenz nicht mehr so groß.

Folgerung 16.3 *Sei X ein Hilbertraum und $\{x_n\}_{n \in \mathbb{N}} \subset X$. Dann sind äquivalent:*

(i) $x_n \to x$;
(ii) $x_n \rightharpoonup x$ *und* $\|x_n\|_X \to \|x\|_X$.

Beweis Wir wissen bereits, dass in normierten Räumen jede stark konvergente Folge auch schwach konvergiert und dass die Norm stetig ist. Umgekehrt folgt im Hilbertraum aus der schwachen Konvergenz und der Konvergenz der Norm sofort

$$\|x_n - x\|_X^2 = \|x_n\|_X^2 - 2 \operatorname{Re}(x_n, x)_X + \|x\|_X^2 \to \|x\|_X^2 - 2(x, x)_X + \|x\|_X^2 = 0. \quad \square$$

Der Konvergenzbegriff in (ii) kann auch in Banachräumen als unabhängiger Begriff nützlich sein und wird dann als *strikte Konvergenz* bezeichnet.

Ebenso können wir über den Riesz-Isomorphismus den adjungierten Operator „zurück nach X ziehen": Sind X und Y Hilberträume, so definieren wir für $T \in L(X, Y)$ den *Hilbertraum-adjungierten Operator*

$$T^\star := R_X^{-1} T^* R_Y : Y \to X,$$

wobei $T^* : Y^* \to X^*$ der übliche (Banachraum-)adjungierte Operator ist. (Gefahr der Verwechslung wird in Folge kaum bestehen.) Dann folgt aus der Definition von Riesz-Isomorphismus und adjungiertem Operator

$$(Tx, y)_Y = \langle R_Y y, Tx \rangle_Y = \langle T^* R_Y y, x \rangle_X = \left(x, R_X^{-1} T^* R_Y \right)_X$$
$$= \left(x, T^\star y \right)_X \qquad \text{für alle } x \in X, y \in Y. \tag{16.1}$$

Unmittelbar aus der Definition erhalten wir auch die folgenden Rechenregeln.

Lemma 16.4 *Seien X, Y, Z Hilberträume und $S, T \in L(X, Y)$, $R \in L(Y, Z)$. Dann gelten:*

(i) $(S + T)^\star = S^\star + T^\star$*;*
(ii) $(\lambda T)^\star = \overline{\lambda} T^\star$ *für alle* $\lambda \in \mathbb{K}$*;*
(iii) $(R \circ T)^\star = T^\star \circ R^\star$*.*

Wörtlich wie im Banachraum-Fall zeigt man auch zu Satz 9.6 analoge Aussagen für die orthogonalen Komplemente von Kern und Bild (unter Verwendung von Folgerung 15.10 anstelle von Folgerung 8.8). Wir werden später die folgenden nützlichen Eigenschaften benötigen, wobei wir hier und in Folge kurz $T^\star T := T^\star \circ T$ schreiben.

Lemma 16.5 *Seien X, Y Hilberträume und $T \in L(X, Y)$. Dann gelten:*

(i) $T^{\star\star} = T$*;*
(ii) $\|T^\star\|_{L(Y,X)} = \|T\|_{L(X,Y)}$*;*
(iii) $\|T^\star T\|_{L(X,X)} = \|T\|_{L(X,Y)}^2$*.*

Beweis Zu (i): Aus (16.1) folgt sofort

$$\left(y, T^{\star\star}x\right)_Y = \left(T^{\star}y, x\right)_X = \overline{(x, T^{\star}y)_X} = \overline{(Tx, y)_Y} = (y, Tx)_Y$$

für alle $x \in X$ und $y \in Y$.

Zu (ii): Zunächst gilt für alle $y \in Y$

$$\|T^{\star}y\|_X = \|R_X^{-1}T^*R_Y y\|_X = \|T^*R_Y y\|_{X^*} \leq \|T^*\|_{L(Y^*, X^*)}\|R_Y y\|_{Y^*} = \|T\|_{L(X, Y)}\|y\|_Y,$$

da sowohl der Riesz-Isomorphismus als auch (nach Lemma 9.1) die Abbildung $T \mapsto T^*$ isometrisch ist. Supremum über alle $y \in B_Y$ ergibt $\|T^{\star}\|_{L(Y, X)} \leq \|T\|_{L(X, Y)}$. Aus (i) folgt dann auch $\|T\|_{L(X, Y)} = \|T^{\star\star}\|_{L(X, Y)} \leq \|T^{\star}\|_{L(Y, X)}$ und damit (ii).

Zu (iii): Aus Folgerung 4.6 und (ii) folgt

$$\|T^{\star}T\|_{L(X, X)} \leq \|T^{\star}\|_{L(Y, X)}\|T\|_{L(X, Y)} = \|T\|_{L(X, Y)}^2.$$

Die umgekehrte Ungleichung erhalten wir aus

$$\|Tx\|_Y^2 = (Tx, Tx)_Y = \left(x, T^{\star}Tx\right)_X \leq \|T^{\star}T\|_{L(X, X)}\|x\|_X^2$$

und Supremum über alle $x \in B_X$.   □

Der Riesz-Isomorphismus erlaubt also, die komplette Dualitätstheorie alleine auf Elementen in X aufzubauen. Man unterscheidet daher oft nicht zwischen Elementen $x^* \in X^*$ und ihren Repräsentanten $R_X^{-1}x^* \in X$, d.h. man behandelt R_X wie die Identität – man sagt, X wird mit X^* *identifiziert*. Insbesondere wird nicht zwischen Banachraum- und Hilbertraum-Adjungierten unterschieden. Dies ist aber nicht in jedem Fall sinnvoll! Eine häufig auftauchende Situation ist, wenn man es mit zwei Hilberträumen X und Y zu tun hat, wobei X stetig und dicht in Y eingebettet ist, aber beide mit unterschiedlichen Skalarprodukten versehen sind. In diesem Fall ist Y^* stetig in X^* eingebettet; identifiziert man Y mit Y^* (d.h. betrachtet man R_Y als Identität), so erhält man das *Gelfand-Tripel* $X \hookrightarrow Y \cong Y^* \hookrightarrow X^*$. Würde man nun auch X mit X^* identifizieren, verlören die Einbettungen jede Aussagekraft; man muss sich also entscheiden. (Natürlich hat man trotzdem den Riesz-Isomorphismus R_X, man kann ihn nur nicht wie die Identität behandeln.) Besonders relevant ist diese Situation in der Theorie der partiellen Differentialgleichungen (wo R_X^{-1} oft genau dem Lösen einer Differentialgleichung entspricht).

Aufgaben

Aufgabe 16.1 *Nochmal Satz von Lax–Milgram*
Sei X ein Hilbertraum und $a : X \times X \to \mathbb{K}$ eine Sesquilinearform. Zeigen Sie: Existieren Konstanten $C, \gamma > 0$ mit

$$|a(x, y)| \leq C \|x\|_X \|y\|_X \quad \text{für alle } x, y \in X,$$

$$\operatorname{Re} a(x, x) \geq \gamma \|x\|_X^2 \qquad \text{für alle } x \in X,$$

so existiert genau eine Abbildung $A : X \to X$ mit

$$a(x, y) = (Ax, y)_X \quad \text{für alle } x, y \in X.$$

Weiter ist A invertierbar mit $\|A^{-1}\|_{L(X)} \leq \gamma^{-1}$.

Aufgabe 16.2 *Reihen in Hilberträumen*
Sei X ein Hilbertraum und $\{x_n\}_{n \in \mathbb{N}} \subset X$ paarweise orthogonal, d. h. $(x_i, x_j)_X = 0$ für alle $i \neq j$. Zeigen Sie, dass dann äquivalent sind:

(i) $\sum_{n=1}^{\infty} x_n$ konvergiert;
(ii) $\sum_{n=1}^{\infty} \|x_n\|_X^2$ konvergiert;
(iii) $\sum_{n=1}^{\infty} x_n$ konvergiert schwach.

(Analog zur Situation in normierten Räumen nennt man eine Reihe (schwach) konvergent in X, wenn die entsprechenden Partialsummen als Folge in X (schwach) konvergieren.)

Aufgabe 16.3 *Schwache Konvergenz von Orthonormalsystemen*
Sei X ein Hilbertraum und $\{e_n : n \in \mathbb{N}\}$ ein Orthonormalsystem. Zeigen Sie, dass dann gilt $e_n \rightharpoonup 0$.

Aufgabe 16.4 *Hilbertraum-adjungierte Projektion*
Sei X ein Hilbertraum, $U \subset X$ ein abgeschlossener Unterraum, und $P_U : X \to U$ die metrische Projektion auf U.

(i) Bestimmen Sie $P^\star : U \to X$.
(ii) Folgern Sie daraus, dass die in Aufgabe 15.5 konstruierte Fortsetzung von stetigen linearen Funktionalen von U auf X eindeutig ist.

Aufgabe 16.5 *Ein Gelfand-Tripel*
Zeigen Sie, dass $H = \ell^2(\mathbb{K})$ und

$$V = \left\{ x \in \ell^\infty(\mathbb{K}) : \sum_{k=1}^{\infty} k^2 x_k^2 < \infty \right\},$$

versehen mit dem Skalarprodukt

$$(u, v)_V := \sum_{k=1}^{\infty} k^2 u_k v_k \quad \text{für } x, y \in V$$

einen Gelfand-Tripel bilden, und geben Sie einen Riesz-Isomorphismus R_V an.

Spektralzerlegung im Hilbertraum

17

Eines der zentralen Resultate in der linearen Algebra ist die *Spektralzerlegung:* Jede normale Matrix ist diagonalisierbar, d. h. kann bezüglich einer Orthonormalbasis aus Eigenvektoren als Diagonalmatrix dargestellt werden. Für kompakte Operatoren im Hilbertraum kann man ein analoges Resultat zeigen und so (für diese Operatoren) die Lücke zwischen linearer Algebra und Funktionalanalysis schließen.

Sei X im folgenden stets ein Hilbertraum. Wir nennen $T \in L(X) := L(X, X)$ *normal*, falls $T^\star T = T T^\star$ gilt und *selbstadjungiert,* falls $T = T^\star$ gilt. Offensichtlich ist jeder selbstadjungierte Operator normal, und für $T \in L(X)$ sind $T^\star T$ und $T T^\star$ stets selbstadjungiert.

Wir untersuchen nun die Eigenwerte von normalen und selbstadjungierten Operatoren.

Satz 17.1 *Sei $T \in L(X)$ normal. Dann gelten:*

(i) $\|T x\|_X = \|T^\star x\|_X$ *für alle $x \in X$;*
(ii) $\ker T = \ker T^\star$;
(iii) $T x = \lambda x$ *genau dann, wenn $T^\star x = \overline{\lambda} x$.*

Beweis Zu (i): Da T normal ist, folgt für alle $x \in X$

$$\|T x\|_X^2 = (T x, T x)_X = \left(x, T^\star T x\right)_X = \left(x, T T^\star x\right)_X = \left(T^\star x, T^\star x\right)_X = \|T^\star x\|_X^2,$$

wobei wir im vorletzten Schritt $T = T^{\star\star}$ verwendet haben.

© Springer Nature Switzerland AG 2019
C. Clason, *Einführung in die Funktionalanalysis,* Mathematik Kompakt,
https://doi.org/10.1007/978-3-030-24876-5_17

Aus (i) folgt auch sofort, dass $Tx = 0$ ist genau dann, wenn $T^\star x = 0$ ist, und damit (ii).
Zu (iii): Man rechnet leicht nach, dass mit T auch $\lambda \operatorname{Id} - T$ normal ist für alle $\lambda \in \mathbb{K}$.
Damit folgt aus (ii) und Lemma 16.4 (ii)

$$\ker(\lambda \operatorname{Id} - T) = \ker(\lambda \operatorname{Id} - T)^\star = \ker(\overline{\lambda} \operatorname{Id} - T^\star). \qquad \square$$

Aussage (iii) besagt, dass λ Eigenwert von T ist genau dann, wenn $\overline{\lambda}$ Eigenwert von $T^\star$ ist.

Folgerung 17.2 *Sei $T \in L(X)$ normal. Dann sind Eigenvektoren zu verschiedenen Eigenwerten orthogonal.*

Beweis Seien $\lambda_1, \lambda_2 \in \mathbb{K}$ und $x_1, x_2 \in X$ mit $Tx_1 = \lambda_1 x_1$ und $Tx_2 = \lambda_2 x_2$ sowie $\lambda_1 \neq \lambda_2$.
Dann erhalten wir aus Satz 17.1 (iii) und der Sesquilinearität des Skalarprodukts

$$\lambda_1 \, (x_1, x_2)_X = (\lambda_1 x_1, x_2)_X = (Tx_1, x_2)_X = \left(x_1, T^\star x_2\right)_X = \left(x_1, \overline{\lambda_2} x_2\right)_X = \lambda_2 \, (x_1, x_2)_X \, ,$$

was nur möglich ist für $(x_1, x_2)_X = 0$. $\qquad \square$

Für normale Operatoren erhalten wir auch eine Verschärfung der Abschätzung für den
Spektralradius $r(T) := \sup_{\lambda \in \sigma(T)} |\lambda|$ in Satz 14.6.

Satz 17.3 *Sei $\mathbb{K} = \mathbb{C}$ und $T \in L(X)$ normal. Dann gilt $r(T) = \|T\|_{L(X)}$.*

Beweis Wir zeigen zunächst per Induktion, dass $\|T^n\|_{L(X)} = \|T\|^n_{L(X)}$ für alle $n \in \mathbb{N}$ gilt.
Für $n = 1$ ist die Aussage trivial; für $n = 2$ erhalten wir aus Lemma 16.4 (iii)

$$\|T^2\|^2_{L(X)} = \|(T^2)^\star (T)^2\|_{L(X)} = \|(T^\star T)^\star (T^\star T)\|_{L(X)} = \|T^\star T\|^2_{L(X)}$$
$$= \left(\|T\|^2_{L(X)}\right)^2, \tag{17.1}$$

wobei wir im zweiten Schritt die Normalität von T verwendet haben. Den Induktionsschritt
$n \to n + 1$ für $n \geq 2$ erhalten wir durch die Abschätzung

$$\|T\|^{2n}_{L(X)} = (\|T\|^n_{L(X)})^2 = \|T^n\|^2_{L(X)} = \|(T^n)^2\|_{L(X)} \leq \|T^{n+1}\|_{L(X)} \|T\|^{n-1}_{L(X)},$$

wobei wir im zweiten Schritt die Induktionsvoraussetzung und im dritten Schritt (17.1) auf den (wie man sich leicht vergewissert) normalen Operator T^n angewendet haben. Division durch $\|T\|_{L(X)}^{n-1} \neq 0$ (sonst ist die Aussage trivial) ergibt dann zusammen mit Folgerung 4.6

$$\|T\|_{L(X)}^{n+1} \leq \|T^{n+1}\|_{L(X)} \leq \|T\|_{L(X)}^{n+1}$$

und damit $\|T\|_{L(X)}^{n+1} = \|T^{n+1}\|_{L(X)}$.

Mit Satz 14.6 folgt daraus nun

$$r(T) = \lim_{n\to\infty} \|T^n\|_{L(X)}^{1/n} = \|T\|_{L(X)}. \qquad \square$$

Da nach Satz 14.4 das Spektrum kompakt und für kompakte Operatoren nach dem kleinen Spektralsatz 14.7 nur aus Eigenwerten besteht, erhalten wir die folgende nützliche Aussage.

Folgerung 17.4 *Sei* $X \neq \{0\}$ *ein Hilbertraum über* $\mathbb{K} = \mathbb{C}$ *und* $K \in L(X)$ *kompakt und normal. Dann existiert ein Eigenwert* $\lambda \in \sigma_p(K)$ *mit* $|\lambda| = \|K\|_{L(X)}$.

Im Fall $\mathbb{K} = \mathbb{R}$ erhalten wir das selbe Resultat, wenn wir selbstadjungierte Operatoren betrachten. Anstelle von Satz 14.6 verwenden wir dafür die folgende Charakterisierung der Operatornorm.

Satz 17.5 *Sei* $T \in L(X)$ *selbstadjungiert. Dann gilt* $\|T\|_{L(X)} = \sup_{x \in B_X} |(Tx, x)_X|$.

Beweis Aus der Cauchy–Schwarz-Ungleichung folgt sofort

$$M := \sup_{x \in B_X} |(Tx, x)_X| \leq \sup_{x \in B_X} \|Tx\|_X = \|T\|_{L(X)}.$$

Für die umgekehrte Ungleichung schreiben wir $\|Tx\|_X^2 = (Tx, Tx)_X = (\alpha Tx, \alpha^{-1} Tx)_X$ für $\alpha > 0$ beliebig. Wir verwenden nun mehrfach die produktive Null sowie die Selbstadjungiertheit von T und schätzen ab:

$$4\|Tx\|_X^2 = \left(T(\alpha x + \alpha^{-1}Tx), \alpha x + \alpha^{-1}Tx\right)_X - \left(T(\alpha x - \alpha^{-1}Tx), \alpha x - \alpha^{-1}Tx\right)_X$$

$$= \left(T\left(\frac{\alpha x + \alpha^{-1}Tx}{\|\alpha x + \alpha^{-1}Tx\|_X}\right), \frac{\alpha x + \alpha^{-1}Tx}{\|\alpha x + \alpha^{-1}Tx\|_X}\right)_X \|\alpha x + \alpha^{-1}Tx\|_X^2$$

$$- \left(T\left(\frac{\alpha x - \alpha^{-1}Tx}{\|\alpha x - \alpha^{-1}Tx\|_X}\right), \frac{\alpha x - \alpha^{-1}Tx}{\|\alpha x - \alpha^{-1}Tx\|_X}\right)_X \|\alpha x - \alpha^{-1}Tx\|_X^2$$

$$\leq M\left(\|\alpha x + \alpha^{-1}Tx\|_X^2 + \|\alpha x - \alpha^{-1}Tx\|_X^2\right)$$

$$= 2M\left(\alpha^2\|x\|_X^2 + \alpha^{-2}\|Tx\|_X^2\right),$$

wobei wir im letzten Schritt die Parallelogramm-Identität verwendet haben. Ist $Tx \neq 0$ (sonst ist wieder die Aussage trivial), so folgt aus der Wahl $\alpha^2 := \frac{\|Tx\|_X}{\|x\|_X} > 0$ nach Division durch $\|Tx\|_X$

$$\|Tx\|_X \leq M\|x\|_X \qquad \text{für alle } x \in X,$$

und damit auch

$$\|T\|_{L(X)} = \sup_{x \in B_X} \|Tx\|_X \leq M. \qquad \square$$

Für kompakte Operatoren können wir nun zeigen, dass (bis auf das Vorzeichen) die Norm als Eigenwert angenommen wird.

> **Folgerung 17.6** *Sei $X \neq \{0\}$ ein Hilbertraum über $\mathbb{K} = \mathbb{R}$ und $K \in K(X)$ selbstadjungiert. Dann existiert ein Eigenwert $\lambda \in \sigma_p(K)$ mit $|\lambda| = \|K\|_{L(X)}$.*

Beweis Nach Satz 17.5 existiert eine Folge $\{x_n\}_{n \in \mathbb{N}} \subset B_X$ mit $|(Kx_n, x_n)_X| \to \|K\|_{L(X)}$. Durch eventuellen Übergang zu einer Teilfolge (die wir wieder mit $\{x_n\}_{n \in \mathbb{N}}$ bezeichnen) können wir sogar $(Kx_n, x_n)_X \to \lambda$ mit $|\lambda| = \|K\|_{L(X)}$ annehmen. Daraus folgt

$$\|Kx_n - \lambda x_n\|_X^2 = (Kx_n - \lambda x_n, Kx_n - \lambda x_n)_X$$

$$= \|Kx_n\|_X^2 - 2\lambda(Kx_n, x_n)_X + \lambda^2\|x_n\|_X^2$$

$$\leq \|K\|_{L(X)}^2 - 2\lambda(Kx_n, x_n)_X + \lambda^2 \to 0. \qquad (17.2)$$

Da B_X beschränkt und K kompakt ist, existiert nun eine konvergente Teilfolge (ebenfalls mit $\{x_n\}_{n \in \mathbb{N}}$ bezeichnet) mit

$$Kx_n \to y, \qquad (Kx_n, x_n)_X \to \lambda.$$

Zusammen mit (17.2) folgt daraus auch

$$y = \lim_{n \to \infty} Kx_n = \lim_{n \to \infty} \lambda x_n \qquad \text{sowie} \qquad Ky = \lambda(\lim_{n \to \infty} Kx_n) = \lambda y,$$

da K stetig ist. Ist $y \neq 0$, so ist λ der gesuchte Eigenwert von K. Anderenfalls wäre $\{Kx_n\}_{n\in\mathbb{N}}$ eine Nullfolge, und aus Satz 17.5 folgt $\|K\|_{L(X)} = \lim_{n\to\infty} |(Kx_n, x_n)_X| = 0$ und damit $K = 0$. In diesem Fall ist die Aussage aber trivial. $\qquad\square$

Wir können nun als Krönung zeigen, dass jeder kompakte normale bzw. selbstadjungierte Operator auf einem Hilbertraum eine Spektralzerlegung besitzt.

Satz 17.7 (Großer Spektralsatz) *Sei $K \in L(X)$ kompakt und normal (falls $\mathbb{K} = \mathbb{C}$) bzw. selbstadjungiert (falls $\mathbb{K} = \mathbb{R}$). Dann existiert ein (möglicherweise endliches) Orthonormalsystem $\{e_n\}_{n\in\mathbb{N}} \subset X$ aus Eigenvektoren von K und eine (in diesem Fall abbrechende) Nullfolge $\{\lambda_n\}_{n\in\mathbb{N}} \subset \mathbb{K}$ aus zugehörigen Eigenwerten mit*

$$Kx = \sum_{n=1}^{\infty} \lambda_n (x, e_n)_X e_n \quad \text{für alle } x \in X. \tag{17.3}$$

Weiterhin bilden die $\{e_n\}_{n\in\mathbb{N}}$ eine Orthonormalbasis von $(\ker K)^{\perp}$.

Beweis Wir gehen induktiv vor. Setze $X_1 := X$ und $K_1 := K$. Ist $X_1 = \{0\}$ oder $K_1 = 0$, so folgt die Aussage mit $N = 0$. (In diesem Fall setzen wir $\lambda_1 = 0$.) Ansonsten existiert nach Folgerung 17.4 bzw. Folgerung 17.6 ein Eigenwert $\lambda_1 \in \sigma_p(K_1)$ mit $|\lambda_1| = \|K_1\|_{L(X)}$. Damit existiert auch ein zugehöriger Eigenvektor $e_1 \in X_1$ mit $\|e_1\|_X = 1$. Wir setzen nun $X_2 := (\text{span}\{e_1\})^{\perp} \subset X_1$. Für alle $x \in X_2$ gilt dann mit Satz 17.1 (iii)

$$(K_1 x, e_1)_X = \left(x, K_1^\star e_1\right)_X = \left(x, \overline{\lambda_1} e_1\right)_X = \lambda_1 (x, e_1)_X = 0$$

und damit $K_1 x \in X_2$. Also ist $K_2 := K_1|_{X_2} \in L(X_2)$ als Restriktion eines kompakten und normalen (bzw. selbstadjungierten) Operators ebenfalls kompakt und normal (bzw. selbstadjungiert). Außerdem gilt

$$\|K_2\|_{L(X_2)} = \sup_{x\in B_{X_2}} \|K_2 x\|_X = \sup_{x\in B_{X_2}} \|K_1 x\|_X \leq \sup_{x\in B_{X_1}} \|K_1 x\|_X = \|K_1\|_{L(X_1)}.$$

Wir wiederholen dies nun mit $X_n = (\text{span}\{e_1, \ldots, e_{n-1}\})^{\perp}$ für $n \geq 0$ und erhalten dadurch ein nach Konstruktion orthonormales System $\{e_n\}_{n\in\mathbb{N}}$ und eine Folge $\{\lambda_n\}_{n\in\mathbb{N}}$ mit $Ke_n = \lambda_n e_n$ sowie $|\lambda_n| = \|K_n\|_{L(X_n)}$. Insbesondere ist $\{|\lambda_n|\}_{n\in\mathbb{N}}$ monoton fallend. Ist $X_m = \{0\}$ oder $K_m = 0$ für ein $m \in \mathbb{N}$, so brechen diese Folgen ab mit $N = m - 1$ und $\lambda_n = 0$ für $n \geq N + 1$. Andernfalls hat $\{Ke_n\}_{n\in\mathbb{N}}$ eine konvergente Teilfolge, da $\{e_n\}_{n\in\mathbb{N}} \subset B_X$

beschränkt und K kompakt ist. Da $\{e_n\}_{n\in\mathbb{N}}$ ein Orthonormalsystem ist, gilt entlang dieser Teilfolge

$$|\lambda_{n_k}|^2 \leq |\lambda_{n_k}|^2 + |\lambda_{n_l}|^2 = \|\lambda_{n_k} e_{n_k} - \lambda_{n_l} e_{n_l}\|_X^2 = \|K e_{n_k} - K e_{n_l}\|_X^2 \to 0$$

für $k, l \to \infty$. Da $\{|\lambda_n|\}_{n\in\mathbb{N}}$ monoton fallend ist, konvergiert sogar die gesamte Folge $|\lambda_n| \to 0$.

Für $x \in X$ sei nun

$$x_n := P_{X_n}(x) = x - P_{\mathrm{span}\{e_1,\ldots,e_{n-1}\}}(x) = x - \sum_{k=1}^{n-1} (x, e_k)_X \, e_k$$

die orthogonale Projektion von x auf X_n. Dann gilt

$$\begin{aligned}
\left\| Kx - \sum_{k=1}^{n-1} \lambda_k \, (x, e_k)_X \, e_k \right\|_X &= \left\| Kx - \sum_{k=1}^{n-1} (x, e_k)_X \, K e_k \right\|_X \\
&= \|K x_n\|_X = \|K_n x_n\|_X \\
&\leq \|K_n\|_{L(X_n)} \|x_n\|_X \leq |\lambda_n| \|x\| \to 0
\end{aligned}$$

wegen $|\lambda_n| = \|K_n\|_{L(X_n)}$ nach Konstruktion und $\|P_{x_n}(x)\|_X \leq \|x\|_X$ für alle $x \in X$. Daraus folgt die Darstellung (17.3).

Bleibt zu zeigen, dass $S := \mathrm{span}\{e_n\}_{n\in\mathbb{N}}$ dicht liegt in $(\ker K)^\perp$. Betrachte dafür zunächst $x \in S^\perp$. Dann ist nach Konstruktion $x \in X_n$ für alle $n \in \mathbb{N}$ (bzw. $n \leq N + 1$), und damit gilt

$$\|Kx\|_X = \|K_n x\|_X \leq \|K_n\|_{L(X_n)} \|x\|_X = |\lambda_n| \|x\|_X \to 0$$

für $n \to \infty$ (bzw. für $n = N + 1$). Also gilt $Kx = 0$ und damit $x \in \ker K$. Umgekehrt folgt aus $x \in \ker K$

$$0 = (Kx, e_n)_X = \left(x, K^\star e_n\right)_X = \lambda_n \, (x, e_n)_X \quad \text{für alle } n \in \mathbb{N} \, (\text{bzw. } n \leq N).$$

und damit $x \in S^\perp$. Also ist $S^\perp = \ker K$, und aus Folgerung 15.10 erhalten wir damit wie behauptet $\mathrm{cl}\, S = (S^\perp)^\perp = (\ker K)^\perp$. $\qquad\square$

Damit haben wir den letzten der großen Sätze der linearen Algebra auf unendlichdimensionale Vektorräume übertragen.

Aufgaben

Aufgabe 17.1 *Charakterisierung normaler Operatoren*
Zeigen Sie, dass $T \in L(X)$ *genau dann* normal ist, falls $\|Tx\|_X = \|T^\star x\|_X$ gilt.

Aufgabe 17.2 *Charakterisierung komplexer selbstadjungierter Operatoren*
Sei X ein komplexer Hilbertraum und $T \in L(X)$. Zeigen Sie, dass T selbstadjungiert ist genau dann, wenn gilt

$$(Tx, x)_X \in \mathbb{R} \quad \text{für alle } x \in X.$$

Hinweis: Betrachten Sie für die Rückrichtung $x + \lambda y$ für $\lambda \in \mathbb{C}$ (Polarisierung).

Aufgabe 17.3 *Zerlegung komplexer Operatoren*
Sei X ein komplexer Hilbertraum und $T \in L(X)$. Zeigen Sie, dass dann selbstadjungierte Operatoren $T_1, T_2 \in L(X)$ existieren mit

$$T = T_1 + iT_2,$$

und dass diese Zerlegung eindeutig ist.
Hinweis: Konstruieren Sie T_1, T_2 explizit unter Verwendung von T und $T^\star$.

Aufgabe 17.4 *Satz von Hellinger–Toeplitz*
Sei X ein Hilbertraum und $T : X \to X$ ein linearer Operator. Zeigen Sie: Ist T selbstadjungiert, dann ist T stetig.

Aufgabe 17.5 *Umgekehrter Spektralsatz*
Sei X ein Hilbertraum, $\{e_n\}_{n \in \mathbb{N}}$ eine Orthonormalbasis, und $\{\lambda_n\}_{n \in \mathbb{N}} \in \ell^\infty(\mathbb{R})$. Setze

$$T : X \to X, \quad x \mapsto \sum_{n \in \mathbb{N}} \lambda_n (x, e_n)_X e_n.$$

Zeigen Sie:

  (i) T ist linear und beschränkt;
 (ii) T ist normal;
(iii) T ist kompakt genau dann, wenn $\lambda_n \to 0$.

Bestimmen Sie die Eigenwerte und Eigenvektoren von T.

Literatur

1. H.W. Alt, *Lineare Funktionalanalysis. Eine anwendungsorientierte Einführung,* 6. Aufl. (Springer, Berlin, 2012). https://doi.org/10.1007/978-3-642-22261-0

2. F. Bornemann, *Funktionentheorie.* Mathematik Kompakt, 2. Aufl. (Birkhäuser, Basel, 2016). https://doi.org/10.1007/978-3-0348-0974-0

3. N. Bourbaki, *Topological Vector Spaces. Chapters 1–5.* Elements of Mathematics (Translated from the French by H.G. Eggleston and S. Madan) (Springer, Berlin, 1987). https://doi.org/10.1007/978-3-642-61715-7

4. M. Brokate, *Funktionalanalysis.* Vorlesungsskript, Zentrum Mathematik (TU München, München, 2013), http://www-m6.ma.tum.de/~brokate/fun_ws13.pdf

5. M. Brokate, G. Kersting, *Maß und Integral.* Mathematik Kompakt, 2. Aufl. (Birkhäuser, Basel, 2019). https://doi.org/10.1007/978-3-0348-0988-7

6. J.B. Conway, *A Course in Point Set Topology. Undergraduate Texts in Mathematics* (Springer, Cham, 2014). https://doi.org/10.1007/978-3-319-02368-7

7. J. Dieudonné, *History of Functional Analysis, North-Holland Mathematics Studies.* Notas de Matemática (Mathematical Notes), 77, Bd. 49 (North-Holland Publishing Co., Amsterdam-New York, 1981)

8. M. Dobrowolski, *Angewandte Funktionalanalysis* (Springer, Berlin, 2010). https://doi.org/10.1007/978-3-642-15269-6

9. P. Enflo, A counterexample to the approximation problem in Banach spaces. Acta Math. **130**, 309–317 (1973). https://doi.org/10.1007/BF02392270

10. H.W. Engl, M. Hanke, A. Neubauer, *Regularization of Inverse Problems.* Mathematics and its Applications, Bd. 375 (Kluwer, Dordrecht, 1996). https://doi.org/10.1007/978-94-009-1740-8

11. O. Forster, *Analysis 2,* 11. Aufl. (Springer Spektrum, Wiesbaden, 2017). https://doi.org/10.1007/978-3-658-19411-6

12. H. Heuser, *Funktionalanalysis,* 4. Aufl. (Vieweg+Teubner, Wiesbaden, 2006)

13. F. Hirzebruch, W. Scharlau, *Einführung in die Funktionalanalysis* (B.I.-Wissenschaftsverlag, Mannheim, 1971), http://hirzebruch.mpim-bonn.mpg.de/id/eprint/117

14. W. Kaballo, *Grundkurs Funktionalanalysis,* 2. Aufl. (Springer Spektrum, Heidelberg, 2018). https://doi.org/10.1007/978-3-662-54748-9

15. W.A.J. Luxemburg, M. Väth, The existence of non-trivial bounded functionals implies the Hahn-Banach extension theorem. Z. Anal. Anwendungen **20**(2), 267–279 (2001). https://doi.org/10.4171/zaa/1015

© Springer Nature Switzerland AG 2019

C. Clason, *Einführung in die Funktionalanalysis,* Mathematik Kompakt, https://doi.org/10.1007/978-3-030-24876-5

16. A. Pietsch, History of Banach Spaces and Linear Operators (Birkhäuser Boston, Inc., Boston, 2007). https://doi.org/10.1007/978-0-8176-4596-0

17. M. Raman-Sundström, A pedagogical history of compactness. The American Mathematical Monthly **122**(7), 619–635 (2015). https://doi.org/10.4169/amer.math.monthly.122.7.619

18. W. Rudin, *Analysis,* 4. Aufl. (Oldenbourg, München, 2008). https://doi.org/10.1090/stml/001/09

19. E. Schechter, *Handbook of Analysis and its Foundations* (Academic, San Diego, 1997)

20. G. Wachsmuth, *Funktionalanalysis.* Vorlesungsskript, Fakultät für Mathematik (TU Chemnitz, Chemnitz, 2013)

21. D. Werner, *Einführung in die Höhere Analysis,* 2. Aufl. (Springer, Berlin, 2009). https://doi.org/10.1007/978-3-540-79696-1

22. D. Werner, *Funktionalanalysis,* 8. Aufl. (Springer Spektrum, Berlin, 2018). https://doi.org/10.1007/978-3-662-55407-4

Stichwortverzeichnis

Seitenzahlen mit ‚n' verweisen auf Fußnoten, Seitenzahlen mit ‚A' auf Aufgaben.

A

Abbildung
  abgeschlossene, 52
  beschränkte, 6
  kompakte, 113
  offene, 48
  sesquilineare, 137
  stetige, 6
Ableitungsoperator, 40
Abschluss, 5
Abstand, 56
Annihilator, 67

B

Bairescher Kategoriensatz, 45n
Banachraum, 24
Basis, 26
Besselsche Ungleichung, 146
Bidualraum, 95
Bild, 37

C

Cauchy-Folge, 6
Cauchy–Schwarz-Ungleichung, 138
core–int-Lemma, 46

D

Dichtheitsargument, 42
Dimension, 26

Dreiecksungleichung
  für Metriken, 3
  für Normen, 23
Dualraum, 63
Durchmesser, 5

E

Eigenraum, 126
Eigenvektor, 126
Eigenwert, 125
Einbettung
  kanonische, 95
  stetige, 43
Einheitskugel, 26
Einheitsvektor, 65
Einschränkungsoperator, 92A

F

Folgenstetigkeit, 7
Formel
  binomische, 137
Fortsetzung
  lineare, 71
  stetige, 41
Fortsetzungssatz, 74
Fourier-Koeffizient, verallgemeinerter, 148
Fourier-Reihe, 148
  verallgemeinerte, 148

© Springer Nature Switzerland AG 2019
C. Clason, *Einführung in die Funktionalanalysis,* Mathematik Kompakt,
https://doi.org/10.1007/978-3-030-24876-5

Printed in the United States
By Bookmasters